作物需水量测定方法与设备研究

许亚群　刘方平　编著

黄河水利出版社
·郑州·

内 容 提 要

本书介绍了我国以往在作物需水量测定方法与设备方面存在的主要缺陷,改进的方向,蒸渗器(测坑)的改进设计、制作、安装,并应用试验研究成果对影响我国现行测坑所测作物需水量资料代表性、准确性的误差机理进行了分析研究,提出了我国作物需水量测定方法与设备改进意见。

本书可供科研院所、灌溉试验站等从事作物需水量、水文水资源研究的科技人员和水利、农业大专院校师生阅读。

图书在版编目(CIP)数据

作物需水量测定方法与设备研究/许亚群,刘方平
编著. —郑州:黄河水利出版社,2011.7
ISBN 978 - 7 - 5509 - 0091 - 2

Ⅰ.①作… Ⅱ.①许…②刘… Ⅲ.①作物需水量 -
测量 - 研究 Ⅳ. S274.4

中国版本图书馆 CIP 数据核字(2011)第 166462 号

出 版 社:黄河水利出版社
　　　　地址:河南省郑州市顺河路黄委会综合楼 14 层　　邮政编码:450003
发行单位:黄河水利出版社
　　　　发行部电话:0371 - 66026940,66020550,66028024,66022620(传真)
　　　　E - mail:hhslcbs@ 126. com
承印单位:河南省瑞光印务股份有限公司
开本:787 mm ×1 092 mm　1/16
印张:8.25
字数:145 千字　　　　　　　　　　　　印数:1—1 000
版次:2011 年 7 月第 1 版　　　　　　　　印次:2011 年 7 月第 1 次印刷

定价:28.00 元

前　言

作物需水量测定资料直接为水资源合理开发利用、水利工程规划设计、灌区优化配水提供科学依据,是农田水利科学的重要基础资料。

我国测定作物需水量最常用的设备是排水式蒸渗器(测坑)。以往建造的这类测坑,在位置选择、坑壁厚度、建筑材料、装土深度、测坑面积大小、反滤层设计、测坑布置及相应的观测方法等诸方面考虑欠妥,使得测坑内作物与农田作物的生长环境不一致,影响到作物的生长,使所测作物需水量资料缺乏代表性和准确性。

针对我国现行测坑存在的各种弊端,作者从1990年开始进行测坑改进研究,于1992年在江西省赣抚平原灌溉试验站灌溉试验场高标准、高质量地建成一组12个能避免上述缺陷的新型测坑。同时,应用先进的新型测坑与老式测坑同步进行了4年水稻需水量(ET值)、水稻生育性状(株高、分蘖、干物质重)、水稻产量、土壤物理性状(容重、比重、孔隙度)、气象要素(降雨、蒸发等)、测坑壁附近土壤温度等试验研究,并对试验结果进行标准差、变异系数、回归及方差分析,应用试验研究成果对影响我国现行测坑所测作物需水量资料代表性、准确性的误差机理进行了分析研究,提出了相应的对策,对我国作物需水量测定方法、测定设备提出了改进意见,对以往老式测坑所测作物需水量资料的测定误差提出了修正建议。

多年试验结果表明,测坑的改进研究获得圆满成功。一些研究成果被我国新修订的灌溉试验规范所采用。同时,我们结合该项研究成果发表研究论文,并在全国性学术会上交流,为国内各灌溉试验站和科研机构改进测坑设计、施工及使用提供了科学依据。

改进型测坑建成后,至今已经使用20年,仍然保持完好。该项研究为我国作物需水量研究提供了宝贵的研究成果,不仅积累了长系列的试验研究资料,而且推动了作物需水量研究的深入发展。上述成果在科研、生产实际中得到广泛应用,主要应用于为农业灌溉用水定额标准编制、河流及流域水量分配、灌溉用水有效利用系数测算分析、大中型灌区续建配套节水改造、节水灌溉示范项目、末级渠系改造提供重要的基础数据。同时，我们还应用改进的测坑设施开展了"棉花需水量研究"、"国际合作节水水稻研究"、"南方双季稻水肥耦合与高效利用技术研究"、"南方生态型水型灌区建设模式研究与应用"等科研课题研究，取得良好的经济效益、社会效益、环境效益。

本项研究得到江西省水利科技项目"作物需水量测坑工程"、"水稻需水量新(老)测坑对比应用研究"等项目经费的资助。河北农业大学张增圻(已故)教授为作者提供了大量国内外参考文献和指导性意见。试验研究得到武汉水利电力大学农田水利研究室专家教授的指导和帮助，特别是茆智院士的悉心指导。在此，一并表示衷心的感谢！

书中不当之处，恳请各位读者批评指正。

作 者

2011 年 5 月

目　录

第一章 绪 论

第一节 概 述

作物需水量(Crop water requirement)系指作物在适宜的土壤水分和肥力水平下,经过正常生长发育,获得高产时的植株蒸腾、棵间蒸发以及构成植株体的水量之和。由于构成植株体的水量小于作物需水量的 1%,在实际计算中常忽略不计。

作物需水量是影响农业用水量的最主要因素。全国已建水利工程年供水能力均为5 200亿 m^3,用于农业4 600亿 m^3,占 88.46%。因此,作物需水量数据的准确、可靠对我国水资源开发利用和水利工程建设有十分重大的影响。

作物需水量作为农田水利工程规划设计与灌溉用水管理的重要依据,长期以来一直为水利科学工作者所重视。测定作物需水量、研究其变化规律一直是农田水利科学领域中的重要课题。

测定作物需水量是灌溉试验的一个重要组成部分。一切分析计算作物需水量的理论与方法,均要以可靠的需水量实测资料为基础。因此,需水量的测定又是作物需水量分析、计算理论与方法的基础。

实测作物需水量一般采用蒸渗器(Lysimeter)。世界各国对作物需水量观测设备的研究已有 300 多年的历史。法国数学家、气象学家德拉海尔(Dela Hire,1688)最早使用了蒸渗器观测,他用铅制的容器装满沙壤土,测出有植被的蒸发量大于表土裸露的蒸发量。20 世纪 40 年代,蒸渗器的研究进入崭新的发展阶段,在美国俄亥俄州建起了有名的柯绍斯敦(Coshocton,1937)整土块的"水循环"蒸渗器,装有自动记录装置,可以量测农田水循环的各个主要组成部分,包括深层渗漏、腾发量、地下水补给量、降雨量、径流量及灌水量。随后世界各国相继建立了各种型式的蒸渗器。

我国较早进行作物需水量测定的丁颖教授,20 世纪 20 年代在广州测定了水稻需水量。而在全国普遍开展作物需水量测定是在 20 世纪 50 年代中后期,国内各大型灌区都建有灌溉试验站,对主要农作物需水量进行了测定,为当时的灌区建设与管理提供了必需的基础资料。进入 20 世纪 80 年代,我国测定作物需水量方法与设备有了较大发展,在全国开展了主要农作物需水量等值线图协作研究,促进了作物需水量测定及研究水平的提高,推动了我国农田水利事业的发展。20世纪90年代初,水利部颁布了新的《灌溉试验规范》,参照国际先进标准,结合我国具体情况,对作物需水量测定作出了详细规定,将进一步促进我国作物需水量测定水平的提高。

我国多年平均水资源总量约为28 000亿 m^3,人均占有量2 460 m^3,仅为世界平均水平的1/4。随着人口增长和社会经济的发展,我国水资源不足的矛盾日益突出,建立节水型社会(尤其是节水型农业)将作为一项基本国策。因此,准确地测定作物需水量愈显重要。

第二节　国内外测定作物需水量方法与设备发展现状

国内外测定作物需水量最常用的方法是采用蒸渗器测定。蒸渗器广泛应用于农田水利学、土壤物理学、水文学、微气象学、水文地质学等研究领域。蒸渗器的定义是:一个盛满土(或整个土块)的大容器,土壤表面裸露或覆有植被(作物或草),置放在田间,以代表田间的自然环境,用来测定作物腾发量或土壤蒸发量以及田间水量平衡因素——有效降水量、渗漏量等。

一、国外测定作物需水量方法与设备发展现状

(一)测定作物需水量设备发展趋势

世界各国为了测定作物需水量相继研制了各种型式的蒸渗器。其中电子称重式蒸渗器在20世纪60～70年代发展较快,其原理是将土壤容器的重量直接传到电子荷载传感器上,变成电信号输出,测量精度可达1/50～1/100 mm水深,可1 h或0.5 h测取一个数据,这种蒸渗器已成为近年来发展的主流。

(二)测定作物需水量设备研制应用所考虑的因素

在国外许多关于测定作物需水量的研究成果文献中,在谈到用蒸渗器测定作物需水量的代表性时,强调要使蒸渗器所测得的数据能代表田间真实数据,归纳有以下几个方面:

(1)要把蒸渗器安放在足够大的缓冲区内,蒸渗器处的气流状况能代表整个缓冲区。

(2)蒸渗器的面积不能太小,以尽可能消除"边际效应"。

(3)蒸渗器内外作物品种、耕作、施肥、灌溉、排水应相同,使内外作物长

势一致。

（4）在蒸渗器附近无其他干扰气流正常运动的障碍物，尽量把各种附属设备（如称重器等）放入地下。

（5）蒸渗器内外土壤的间断面积（包括内外容器壁及间隙所占面积）要尽量小。

（6）尽量使用未扰动的原状土装填在容器内，即使是使用扰动的回填土。要尽量使之与原土的机械、物理、化学性状保持一致。

（7）容器内除设置自由排水系统外，应采取负压排水措施，保证容器内土壤水分张力与田间一致。

（8）采取消除贴壁渗漏对正常渗漏干扰的措施。

（9）在土壤容器内外安装加热制冷设备，控制容器内土壤的热状况与田间一致。

（10）采取措施尽量减少工作人员接近蒸渗器的次数，防止人为对自然状态的干扰。

（三）作物需水量测定设备的综合测定功能

各国近年来研制的蒸渗器除了测定作物腾发量和深层渗漏量外，还在蒸渗器内安装各种仪器，同时测量各种气象因素、土壤水分物理因素及植物生理指标，以便整体考虑土壤—作物—大气连续系统中水分、势能等因素的相互联系和相互影响关系，进一步深入研究土壤、作物、大气间水分运动的机理。

（四）作物需水量的观测方法

各国研制的许多蒸渗器所采用的观测方法，是自动观测或者遥测。作物需水量的观测数据由电子传输系统传到远离蒸渗器的实验室里，通过电子计算机对观测数据进行计算、打印、绘图，自动处理观测数据。上述方法不但工作效率高，而且减少了工作人员的观测、劳动时间。更重要的是，避免了工作人员频繁地接近蒸渗器而造成的对其附近自然状态的干扰和破坏。

二、我国测定作物需水量方法与设备发展概况

我国测定作物需水量最常用的设备，从容器的外形来分有两大类：第一类为测筒类，包括普通称重式测筒（土壤蒸发器属于此类）、浮力称重式测筒（水力蒸发器）、潜水蒸发器和非称重式测筒。第二类为测坑类，是我国测定旱作物需水量和水稻需水量最主要的测定设备。

（一）我国测筒的使用概况

20 世纪 50 年代开始，我国许多灌溉试验站使用非称重式测筒测定水稻

需水量。选择有代表性的田块作为筒测区,安装用镀锌铁皮或油桶制成的有底测筒和无底测筒,每天测出筒内水量消耗。通过水量平衡计算,得出腾发量和地下渗漏量。由于测筒与大田之间环境条件、植株生长状况差别都很大,致使测定结果失真,精度差,误差大,不能反映大田客观实际。很多试验站已有资料表明,重复间误差一般都在±30%以上,与田间实际需水量相比,数值相差就更大。在我国南部降雨较多的季节,筒内水量消耗经常出现违反自然规律的负值现象。旱作物需水量测定则采用上述各类测筒。小型测筒虽然具有制作简便、造价低廉、占地少等优点,但因测筒面积太小,边界影响大,代表性差,测得作物需水量数据失真等缺陷,不少人主张不宜采用面积为0.27 m²的小测筒。

(二)我国测坑的使用发展概况

我国在测坑的使用与研究方面经历了3个发展阶段:

(1)测坑属于非称重式蒸渗器,是我国最主要的测定需水量的设备。20世纪50～60年代,是我国测坑使用的初期阶段。早期的测坑,结构简单,考虑因素单一。在建筑材料上,测坑壁使用砖砌,水泥抹面,贴油毡防渗。形状上为正方形或长方形,面积1～4 m²。一般建两组测坑,一组有底测坑,一组无底测坑。利用有底测坑测作物腾发量,无底测坑测作物腾发量和地下渗漏量。这一时期的测坑主要缺陷是露出地面的坑壁太厚,达20～40 cm,对测坑内土壤热状况影响很大;有底测坑未设置滤层及地下排渗,造成测坑土壤水分分布失真,影响代表性,以及土壤结构恶化,影响测坑内作物正常生长;多次钻孔取土样测土壤含水量,造成坑内土壤结构破坏。

(2)20世纪80年代为第二个发展阶段。全国开展主要农作物需水量等值线图研究,按照统一方法、标准,要求开展作物需水量研究。各省在恢复重建一批试验站的同时,修建了一些测坑。对测坑进行了一些改进,在建筑材料上普遍使用钢筋混凝土;坑壁厚度减小,为10～20 cm;有底测坑设置滤层和地下排渗;为方便观测地下渗漏量,还建有地下廊道或半地下式观测室。但仍存在影响测定资料代表性、准确性的弊端,如在测坑附近存在影响气流运动的障碍物;坑壁厚度仍然超过技术标准;观测员频繁接近测坑,干扰测坑自然环境等。而测定土壤含水量的水平有了很大提高,一批先进的仪器(张力计、γ射线仪、中子水分测定仪等)在一些研究机构内使用。

(3)20世纪90年代进入第三个发展阶段。水利部新颁布了《灌溉试验规范》,参照国际先进标准,结合我国国情,统一规范了测定作物需水量的方法与设备。详细规定了蒸渗器(包括测坑、测筒)的技术标准,促进了我国蒸渗器的使用研究与国际标准接轨,为蒸渗器的使用研究提供了统一的技术标准。新规范的实施将促进我国蒸渗器的研究及使用整体水平的提高。这一阶段为我国测坑的改进完善阶段,也开展了一些相应的研究,如研究各种使测坑达到规范技术标准的改进方法,其中主要是研究测坑的薄壁材料及结构、地下廊道顶回填土种植作物的布置方式、减少工作人员接近测坑的观测方法、减少地面附属建筑物的整体布置方法等。

第三节　研究改进我国作物需水量测定方法与设备的意义

自 20 世纪 50 年代以来,至今我国已陆续建立了 400 多个灌溉试验站,进行了大量的作物需水量测定。我国测定作物需水量最常用的设备是测坑、测筒,属于非称重式蒸渗器。在以往的作物需水量测定中,存在最主要的问题是一些站在测定成果资料的可靠性、准确性、实用性和先进性方面不符合要求,产生问题的主要原因是测定作物需水量的方法与设备落后。

我国现有灌溉试验站测定作物需水量的设备和设施大部分建于新的《灌溉试验规范》颁布之前,缺乏遵循的技术标准,在许多方面不符合新规范的要求。作物需水量的测定设备是灌溉试验中最主要的设备之一,也是投资最多的设备。按每个站每年投在作物需水量测定及研究上的人员工资、试验费、设备折旧费等有关经费 2.5 万元粗略估算,全国每年耗资近 1 000 万元。如果用不准确的测定数据去建立计算作物需水量的模型或评价计算作物需水量的公式不仅毫无意义,而且每年造成人力、物力、资金的大量无价值的耗费,同时还影响到国民经济的许多涉及应用作物需水量资料的领域。

因此,改进现有测定作物需水量的落后设备和方法,借鉴国内外的先进经验,研究既符合我国国情又能满足作物需水量测定及研究发展要求的先进设备与方法,是提高我国作物需水量研究水平首要解决的重要研究课题之一。

第二章 作物需水量测定方法及设备类型和我国蒸渗器的主要缺陷

第一节 作物需水量测定方法及设备类型

一、作物需水量测定方法分类

(一)依据测定的设备分类

我国作物需水量测定方法一般根据所采用的测定设备来分类,通常分为筒测法、田测法、坑测法。筒测法面积小,边界影响大,测得的作物需水量数据往往失真。我国在 20 世纪 50 ~ 60 年代采用该法较多,现已很少采用。田测法试验小区面积大,代表性好,但不易排除降水、地下水和侧向土壤水分交换对测定结果的影响。坑测面积大于测筒,代表性较好,是我国目前测定作物需水量最主要的方法,在我国各个灌溉试验站得到广泛应用。

(二)依据观测精度分类

另一种分类的方法,则是根据所用测定设备的测量精度及测量周期来分类,分为常规法和精细法两类。常规法又包括坑测、田测、筒测和坑测(筒测)与田测结合法。对于一般的旱作物需水量测定采用坑测(以避免地下水补给的影响)。当地下水埋深大于2.5 m(沙壤土)或3.5 m(黏土、壤土)时可采用田测。其测定原理是:通过直接测量容器或大田内土壤含水率的变化计算旱作物蒸发蒸腾量。对于水稻一般采用坑测(筒测)与田测结合的方法测定水稻腾发量和稻田渗漏量。其测定原理是:通过直接测量容器内或大田内土面水层深度的变化值;或当土面水层落干后用计量灌水至土壤饱和或定水位的方法测出水稻腾发量和稻田渗漏量。常规法具有设备简单、易于掌握等优点,在我国得到广泛应用。精细法是用高精度的称重式蒸渗器测定作物腾发量,型式有多种。一般是把称重容量置于机械传感仪或液压传感仪或电传感仪上,容器内盛满土种植作物,可测出作物腾发量 1/50 ~ 1/20 mm 的变化。这类设备价格昂贵,但测定方便、精度高,能测出作物每小时或更短时段内的腾发量及在一昼夜中的变化过程,并可自动打印记录结果。一般在国家级科研机构或少数中心试验站精细地探索作物需水量变化规律的研究中使用。

二、测定作物需水量的设备

国内外测定作物需水量的最主要设备是蒸渗器。蒸渗器的类型分为以下两类：

第 1 类：非称重式蒸渗器，一般包括 3 种型式：

(1)直接测量土壤含水率式蒸渗器；

(2)直接测量田面水层水深的排水式蒸渗器；

(3)固定地下水位补偿式蒸渗器。

第 2 类：称重式蒸渗器，一般包括 5 种型式：

(1)普通称重式蒸渗器(重力传感)；

(2)浮力称重式蒸渗器；

(3)液压称重式蒸渗器；

(4)机械称重式蒸渗器；

(5)电子称重式蒸渗器。

根据张增圻教授、茆智教授两人的归纳，各种类型的蒸渗器的原理、主要部件、测量周期、测量精度、适用条件及优缺点如表 2 - 1 所示，该表可作为了解和选择蒸渗器的指南。

对于为水利工程设计、制定灌溉计划以及田间灌溉管理而提供依据的情况，只要有准确的日、周、旬的作物腾发量即可满足需要，可选用非称重式蒸渗器和普通称重式蒸渗器。我国一般试验站广泛使用的测坑、测筒均属于此类设备。

表 2—1　水稻、旱作物需水量测验用的蒸渗器一览表

类别	类型	原理	主要部件	测量周期	测量精度	适用条件	优缺点	备注
非称重式蒸渗器	排水式蒸渗器	田面有水层，直接测量器内水层深度的变化值，或当田面落干时用计量容器灌水至水层后用计量容器测下排水流量，和或定水位调控装置	土壤容器，水位计，计量容器，地下排水层	田间有水层时，每天（必要时可每小时）测取一个数据，田间有水层消失后到恢复水层时测取一个数据	取决于水位计和灌排水量计量容器的精密度 $0.1\sim0.05$ mm	适用于水量测验稻需水量	结构简单，易于掌握，操作迅速，精度也较高	
称重式蒸渗器		通过测量器内土壤（和田面水层）的重量变化值测出蒸发蒸腾量	土壤容器，称重设备					为我国目前普遍使用的测坑
非称重式蒸渗器	直接测量土壤含水率变化的蒸渗器	通过直接测量容器内的土壤含水率的变化率计算蒸发蒸腾量	土壤容器，测量土壤含水率的设备，张力计或土壤湿度计	5天，1周或10天测取一个数据	取决于土壤含水率测量的代表性及称重的准确性	适用于一般站测定旱作物需水量	取土样，手续繁琐，效率低，劳动量大	土壤容器为我国目前普遍使用的测坑

续表 2－1

类别	类型	原理	主要部件	测量周期	测量精度	适用条件	优缺点	备注
称重式蒸渗器	浮力称重（浮体）式蒸渗器	使土壤容器在外容器内的浮液中漂浮，根据阿基米德原理，测量浮液液面的变化及液体（水或液体）重质变化，算出土壤容器重量的变化，间接推算蒸发蒸腾量	土壤容器，浮力装置（浮箱或浮船）或其他测取液（水或液体）微计、外容器	可每小时或更短时间取一个数据	0.02 mm	用于国家或研究机构有条件的省地面部件的中心站	浮液易受温度的影响而产生误差，地面部件太多影响精度，造价较高	我国使用的"水面"即其发器中的一种
	普通称重式蒸渗器	通过吊秤或磅秤称重土壤容器重量的变化，间接测量蒸发蒸腾量	土壤容器，活动式磅秤或吊秤	可以取得逐日测取需水量	0.1～0.05 mm	各级试验站	设备简单，便宜，允许的土壤容器面积小，成果代表性差	土壤容器或普通测筒目前为我国普遍使用的测筒

续表 2-1

类别	类型	原理	主要部件	测量周期	测量精度	适用条件	优缺点	备注
称重式蒸渗器	液压称重式蒸渗器	把土壤容器放在液体负荷体上,用压力计量测液压变化,从而测出土壤容器重量的变化,间接测量蒸发蒸腾容器	土壤容器、液压负荷体(压力袋压力盒或压力垫等)、压力管及压力计、外容器	每天测取一个数据	0.5~0.025 mm	用于国家研究机构中条件的省中心站	液压负荷体容易失效和频繁,液体换装较难,变化易因温度而产生影响测量精度,造价高误差	
	机械称重式蒸渗器	利用杠杆原理,用称重机械称量土壤容器重量的变化,间接测量蒸发蒸腾量	土壤容器、机械称重系统、外容器	每日或数日测取一个数据	0.3~0.025 mm		要求称重系统量大而感量小,放结构复杂,安装费工,造价高技术要求高	

续表 2 - 1

类别	类型	原理	主要部件	测量周期	测量精度	适用条件	备注
称重式蒸渗器	电子称重式蒸渗器	通过电子荷载传感仪称量土壤容器重量的变化,间接测量蒸发蒸腾量	土壤容器、电子称重系统,遥测与自动记录系统,外容器	可以测取逐小时或更短时段的数据	0.1 ~ 0.022 mm	结构更复杂,电子仪器中安装中子探头插入管,易受风温变化的影响,需经常校正,技术要求高,零件易损坏,造价最贵,但精度最高,可自动记录,遥测	适用于土壤容器及土壤水基质势传感器,土壤热通量板等仪器测量

第二节 我国以往采用的蒸渗器及其主要缺陷

目前,我国测定作物需水量采用最多的设备是非称重式中的排水式蒸渗器(测坑)。由于这类排水式蒸渗器具有结构简单、量测方便、造价低廉等优点,所以在世界各地也得到广泛应用。

虽然排水式蒸渗器应用已相当普遍,但许多这类蒸渗器在结构、安装、使用、管理上存在一些问题,影响到试验结果的可靠性。作者先后考察了8个有代表性的试验研究机构,了解我国蒸渗器(测坑)的使用情况,总结成功的经验,找出存在的主要问题,为蒸渗器的改进研究提供科学依据。

我国目前使用的蒸渗器存在的主要缺陷如下。

一、蒸渗器的位置不合理

为使蒸渗器所测得的作物需水量能代表田间的实际情况,蒸渗器应选择在自然环境与田间自然环境一致的位置上。如果蒸渗器的自然环境特别是气候条件与大田差别较大,所测得的作物需水量数据就会失去代表性。有的站在蒸渗器的位置选择上考虑欠妥,使蒸参器处在围墙包围之中,围墙在蒸渗器四周形成的屏障,阻碍了气流正常运动(见附图4)。

二、蒸渗器壁顶太厚,产生边际效应

蒸渗器容器壁多采用混凝土材料,露出地面的混凝土测坑厚壁(见附图2),其厚度达 15 ~ 24 cm。壁顶面积占容器内土壤表面积的20% ~41.8%,显然大大超过规范所规定的 5% 的技术标准。据试验,厚壁可使容器内太阳辐射增加 10% ~30%,同时太阳辐射的热能通过表层容器壁传导到附近的土壤,使蒸渗器内土壤热状况与田间土壤热状况产生差异。由于厚壁形成的空间使通过的气流、光照增加,产生边际效应,使所测的需水量偏大。

三、蒸渗器结构设计考虑不周,地面存在附属建筑物

有些蒸渗器的设计,从方便观测的角度考虑,在蒸渗器附近建半地面的观测室,为方便向蒸渗器供水,在附近建蓄水箱(见附图 3)。这些耸立在地面的混凝土建筑物,不仅影响了田间气流的正常运动,而且由于混凝土吸收大量太阳辐射热,产生热效应,改变了蒸渗器自然环境的小气候。

四、蒸渗器壁顶形状影响降雨量准确性

为了隔绝地面径流等,蒸渗器常伸出地面以上 10～15 cm。壁顶形状一般为水平面。由于壁顶面积大(占容器内土壤表面积的 20% 以上)。在南方雨季时,常常是降雨强度大、历时长,遇上中到大雨时,雨水珠在壁顶不断被溅起,致使混凝土壁顶上的一些雨水落入蒸渗器内,严重影响到蒸渗器内降雨量的准确性。此时,蒸渗器内水量消耗常出现违背自然规律的负值。

五、廊道顶形成弱蒸发面

有些蒸渗器的设计,从方便观测地下渗漏量等因素考虑,在两排蒸渗器中间建一条地下廊道,由于在廊道设计上深度不够,使廊道顶只能回填很浅的一层土,不能种植作物,形成一块长条形空出的干地(见附图 1),形成有作物覆盖和空地两个完全不同的蒸发面,空地的存在缩小了蒸渗器缓冲区的有效面积,对蒸渗器内作物的蒸腾强度产生影响。

六、地面观测对蒸渗器自然环境产生干扰

目前我国对蒸渗器内水位的观测方法,普遍采用地面观测的方法,由观测员每天从地面观测蒸渗器内水位的变化。由于工作人员频繁地靠近蒸渗器及周围的作物,影响蒸渗器及附近的观测空间(见附图 5),引起蒸渗器及周围的通风、光照等自然状态的改变。作物封行以后,观测水位的操作常常造成作物损伤(见附图 6)。

第三章 利用蒸渗器测定作物需水量的原理及设备改进的主要方向

第一节 蒸渗器测定作物需水量的原理

蒸渗器是一种主要用于测定作物蒸发蒸腾或土壤蒸发与渗漏的大型仪器,是根据水量平衡原理设计的。作物的蒸发蒸腾是水在"土壤—作物—大气"连续系统中运动的一个重要组成部分。作物依靠生长在土壤中的根系吸收土壤中的水分,通过茎叶输送由叶片及植株表面蒸腾扩散到大气中。在这分系统中运动是以降水—入渗—蒸发蒸腾—降水的基本形式周而复始地循环不已。但系统中的水分循环从长期的自然过程分析,又是处于连续不断的相对平衡状态,任一时刻进入或输出该系统的水分都处于动态平衡状态。因此,水量平衡原理可作为研究农田水分状态、平衡状况的基本方法。

用蒸渗器测定作物需水量的水量平衡原理如下:

蒸渗器是一个装满土壤,放置田间的大容器,表面有植被,可以量测容器内的来水量和排水量,从而确定其水量损失,由水量平衡原理,此容器的水量平衡方程式可以写为:

$$P + I \pm R_0 = ET + C + D + \Delta W \tag{3-1}$$

式中 P——给定时段内降雨量;

I——给定时段内灌水量;

R_0——地面径流,流入或流出蒸渗器的水量,对于有高于土面的容壁的蒸渗器内土壤, $R_0 = 0$;

ET——给定时段内作物需水量;

C——给定时段内排水量;

D——给定时段内深层渗漏量;

ΔW——给定时段内容器内土壤含水量的盈亏值。

由式(3-1)可得下面的水量平衡方程,量测出等式右边的各项,即可计算出腾发量 ET 值。

$$ET = P + I - C - D \pm \Delta W \tag{3-2}$$

式(3-2)中:P 值可由雨量计直接量测;I 值可由量水表或标准容器量测;C 值、D 值亦可用标准容器量测。

ΔW 值的确定比较复杂,有两种情况:降雨或灌溉后,土体内含水量增高为盈水量(+);腾发、排水和渗漏,使土体内含水量减少,为亏水量(-)。

按照测量土壤含水量变化的方法,蒸渗器可分为两大类型:称重式蒸渗器和非称重式蒸渗器。

称重式蒸渗器:由称重的办法测出重量的变化(可核对降水量、灌水量和排水量),可直接测出土体内的含水量变化值 ΔW。

非称重式蒸渗器:用其他的方法测 ΔW 值。如测土样法、负压计法、电阻法、中子仪法等。

第二节　作物需水量测定方法与设备改进的主要方向

为了缩小我国在作物需水量测定方法和设备上与世界先进水平的差距,根据我国目前在作物需水量测定方法上普遍使用常规法,设备上广泛采用排水式蒸渗器(测坑)的现状,为使研究符合我国国情,故选择这一类蒸渗器为改进研究的主要对象。针对我国以往这一类蒸渗器存在影响所测资料代表性、可靠性、准确性的各种缺陷,着重从蒸渗器的整体结构布置及设计、建筑材料选择、施工工艺技术及蒸渗器相应的观测方法等四个主要方面进行研究,并作为改进研究的主要方向。

一、关于蒸渗器整体结构布置及设计的改进研究

我国现有蒸渗器在整体结构布置及设计中存在的一个主要缺陷是:忽视了地面建筑物对蒸渗器及周围环境的影响,在蒸渗器附近地面布置一些附属建筑物,不仅影响气流正常运动,而且这些砖石混凝土结构建筑物的导热率远远超出作物植被下土壤的导热率,对周围产生热效应,严重破坏了蒸渗器的田间自然环境。此外,设计土层覆盖很浅的地下廊道,形成廊道顶上的空地,造成一块与田间植物覆盖完全不同的弱蒸发面,加大了蒸渗器内作物的腾发强度。因此,需要研究避免和尽量减少地面附属建筑物,保持蒸渗器环境与四周田间环境一致的合理布置方式。

二、关于蒸渗器材料结构及容器壁顶形状的改进研究

我国以往的蒸渗器普遍采用混凝土材料结构,在地面形成厚壁,其接收的

太阳辐射热多于土壤表面,对蒸渗器内土壤热状况产生影响。厚壁所形成的空间使通过的气流、光照增加,产生边际效应,影响作物正常生长以及需水量的代表性。

而水平面的容器壁顶形状,影响蒸渗器内降雨量的准确性,降落在壁顶上的雨滴不断被溅起,一部分落入蒸渗器内。为改进上述缺陷,需要研究能满足结构设计要求的、牢固、耐冻、不漏水、导热低的薄壁材料和改进容器壁顶形状。

三、关于蒸渗器施工工艺的改进研究

蒸渗器长期处于野外恶劣的环境中工作,不仅长期经受水的浸泡,受到高温、冰冻等自然风化作用的影响,还受到农田施用的化肥、农药、除草剂等一系列化学品的侵蚀。因此,需要改进以往落后的施工方法,研究提高蒸渗器施工质量标准的方法,提高蒸渗器防渗性、防腐性、牢固性的施工工艺技术以及蒸渗器土壤开挖、回填的科学方法。

四、关于蒸渗器相应的观测方法的改进研究

我国在蒸渗器测定观测方法上存在一个主要问题是,观测员频繁地接近蒸渗器,在蒸渗器附近留下工作通道,形成观测空间,引起周围光照、通风等自然条件的改变,并造成作物损伤。需要研究改进现有的地面观测方法,合理地布置蒸渗器的观测系统,正确地选择与蒸渗器相应的观测方法,研究能避免和减少工作人员从地面接近蒸渗器进行观测的方法,排除人为因素对作物生长环境的干扰和破坏,保持蒸渗器内作物生长环境与田间环境一致,提高所测资料的代表性、准确性。

第四章　蒸渗器的改进研究与实施

　　针对我国一些已建蒸渗器存在结构布置设计不合理、在靠近蒸渗器的地面布置附属建筑物影响气流运动、容器壁顶过厚、观测系统的地面布置方式影响蒸渗器自然环境等缺陷,依据蒸渗器水量平衡原理。参照水利部颁布的《灌溉试验规范》(SL 13—90)中有关测定作物需水量的设备的技术标准,借鉴吸收国内外已建蒸渗器的先进经验,作者在江西省赣抚平原灌溉试验站设计了一组共12个改进的排水式蒸渗器,于1991年冬季施工,1992年夏季开始运用。

第一节　蒸渗器的改进设计

一、蒸渗器的位置及环境

　　蒸渗器位置选择在灌溉试验场16区内。本地区主风向为东北风向,试验场东北面为大片农田,可满足200 m以上吹程的要求。蒸渗器四周均为农田,种植同一类作物——水稻。

二、蒸渗器面积及深度

　　按照规范标准,密播作物的蒸渗器内土壤表面不宜小于4 m^2,参考灌区作物水稻种植规格,设计蒸渗器面积6 m^2(2 m × 3 m),按水稻栽插规格13.3 cm × 23.3 cm计,每个容器内可栽插水稻195株。

　　根据灌区作物种植种类,蒸渗器的深度由以下因素确定:

　　(1)降雨深度:南方雨季时间长,降雨频繁,且雨量大,按日降雨量100 mm(10 cm)计;

　　(2)灌溉水层深度:水稻灌溉多采用间歇、浅水灌溉,取灌溉水层深5 cm;

　　(3)作物容根层深度:水稻60 cm,小麦油菜等旱作物100 cm,考虑冬季种植油菜和开展旱作物需水量测定的要求,按作物容根层深度最大值100 cm

设计；

（4）潜水面上受毛管支持水上升的过湿土层厚度,黏土,取35 cm；

（5）滤层厚度:取平均厚度 25 cm,为便于排水,容器底板浇筑成倾斜面,排水管道一侧的滤层厚30 cm,另一侧滤层厚20 cm。

蒸渗器容器总深度为 175 cm(即 10 + 5 + 100 + 35 + 25)。

三、蒸渗器整体布置

为便于观测、维护,尽量减少地面建筑物和人为地面活动影响蒸渗器周围自然环境,确保蒸渗器所测得的数据是田间真实数据的反映,对常规的布置方式进行改进。将蒸渗器的水位观测、灌水、排水系统布置在地下廊道和观测井内(见附图16),并且加深地下廊道,在廊道顶回填60 cm深的土壤,使廊道顶上及蒸渗器四周都能种植同一类作物。具体设计如下:

（1）灌水、排水管道布置:每个蒸渗器均布置有地面、地下两套灌溉、排水管道系统。为使灌水均匀,灌水管采用镀锌钢材的微孔管道。

（2）灌溉水源:将赣抚平原灌区总干渠之水引入距蒸渗器西侧50 m的小水塘,在塘边建有一抽水机房,蓄水箱建在房顶(见附图10),用一条管径50 mm钢管将水输入地下廊道内,向两侧蒸渗器供水,由水表和闸阀控制灌水量。

（3）蒸渗器排水:地下廊道内两侧建有两条小排水渠。蒸渗器内土面和土层底的排水通过量水槽计量后(见附图20),放入排水渠流进集水池,再用小型抽水机向外抽排。

（4）观测系统:蒸渗器内水位观测系统布置在与地下廊道连通的观测井内,在观测井内设有水位箱(见附图11),此箱用连通管与蒸渗器接通,用ZHD型电测针测量水位箱内水位。灌水量用量水表计量,排水量用量水箱或量水槽计量。

四、蒸渗器容器壁的厚度及建筑材料

为满足规范提出的蒸渗器不漏水、导热性低、耐冻、结构牢固、容器壁在地面以上部分应是薄壁、壁顶总面积不应超过容器内土壤表面积的5%的技术要求,蒸渗器选用5 mm厚钢板和200标号钢筋混凝土两种建筑材料。即容器壁顶至土面以下30 cm采用钢板薄壁,距土面30 cm以下至容器底板采用钢筋混凝土结构。钢板薄壁顶总面积仅占容器内土壤表面积的0.83%。为减少太阳辐射热,地面上的钢板薄壁刷白色油漆(见附图22)。

五、滤层设计

滤层材料组成由上往下分别为:玻璃纤维丝布一层,砂(粒径0.25~1 mm)一层,厚度68 mm;砾石(粒径1~5 mm)一层,厚度68 mm;卵石(粒径5~20 mm)一层,厚度114 mm。滤层平均厚度250 mm。为便于排除蒸渗器内土壤深层渗漏水,在滤层内安装一根微孔排渗管道,管外包裹80目铜丝滤网。

六、隔渗圈

为测定容器内贴壁渗漏,在1、2、3号蒸渗器底板设置3个隔渗圈(见附图8)。隔渗圈尺寸为:长231 cm,宽130 cm,高55 cm(其中浇入容器底板混凝土中15 cm)。隔渗圈内面积为3 m²。

七、蒸渗器容器壁顶形状

为避免降雨时雨水在容器壁顶溅起,影响蒸渗器内降雨量的准确性,壁顶形状设计成与垂直面成45°的刃口状。

八、照明动力系统

用一条380 V交流电线通向地下廊道内,供其照明及集水池水泵动力用。

第二节 改进型蒸渗器的制作与安装

一、制作安装程序

12个排水式蒸渗器是在1991年冬天至1992年夏天制作安装的。其先后次序是:放样,开挖蒸渗器及地下廊道基坑;铺砂卵石垫层,浇筑混凝土基础;绑扎钢筋,安装隔渗圈,装模板,浇容器底板及壁板混凝土至高程25 cm;绑扎钢筋,安装模板,浇筑容器壁板混凝土至高程95 cm;安装地下廊道顶模板,绑扎钢筋,安装钢结构观测井、浇筑廊道顶混凝土;安装钢结构容器壁,浇筑容器壁混凝土至高程130 cm;绑扎钢筋,装模板,浇筑地下廊道进出口混凝土;凿毛内外容器壁及地下廊道壁,粉刷水泥砂浆和防水砂浆;安装地下廊结构楼梯及盖板;粘贴容器钢板壁与混凝土壁接缝处环氧树脂防渗材料;安装排水管道,防渗质量检验,铺容器底部砂卵石滤层,分层回填土壤;安装水位观测及灌排系统、地下廊道供电系统;浇筑量水槽、排水渠、集水池盖板、蓄水箱混凝土。

二、蒸渗器施工工艺技术改进

蒸渗器对防渗、防腐及回填土壤均有较高的技术要求。所采用的施工工艺技术直接影响到蒸渗器的质量标准,因此必须改进现有的施工方法,采用先进的施工工艺技术。

(一)蒸渗器的防渗施工工艺技术

蒸渗器的防渗质量标准关系到所测资料的测量精度,为提高其防渗质量标准,采用了以下几项施工工艺技术。

1. 采用防水砂浆粉刷

在水泥中掺入5%的防水粉拌制防水砂浆,对蒸渗器混凝土表面进行二遍粉刷,提高了蒸渗器的整体防渗性能。

2. 预埋管道加焊止水钢环

穿过蒸渗器容器壁的灌排水管道在蒸渗器内水压力作用下,往往容易沿管道渗水,影响测量精度。采取预先在管道上焊一圈止水钢环,浇入混凝土内后,止水钢环可有效地阻止沿管道的渗水。

3. 采用环氧树脂材料防渗

蒸渗器容器壁采用钢板薄壁和混凝土壁。施工后,在两种材料的接缝处出现1条0.1~0.5 mm宽的小缝隙。初步分析产生缝隙的原因是由两种材料吸热后温度不同引起的,钢板壁镀锌后,采用中灰漆封闭镀层,颜色深,易吸热,加之钢板的导热率大于混凝土,在阳光照射下,钢板晒热烫手,其温度明显大大超过混凝土壁温度,由温差的作用产生温度应力,引起裂缝。对这条缝隙采用了强度高、防渗效果好的环氧树脂材料防渗(见附图9),方法是刷3遍环氧树脂、粘贴2层玻璃纤维丝布。有效地解决了两种不同材料接缝处的防渗处理这一难题。

4. 钢结构加工采用双面焊缝

为提高钢结构的防渗性能,对加工的所有钢结构构件,接缝处采用双面焊缝。

5. 蒸渗器采用整体布置,不留垂直分缝

为提高蒸渗器整体防渗质量标准,蒸渗器及地下廊道在结构设计上采用整体布置,不设分缝,使整个蒸渗器和地下廊道构成一连续整体。在施工时,分三层连续浇筑,只留水平施工缝,不留垂直施工缝。对水平施工缝,每次浇筑前先打毛,冲洗干净后铺水泥砂浆,然后再浇捣混凝土。

(二)钢结构防腐

蒸渗器的容器上部为钢板薄壁,观测井、廊道进出口盖板均采用钢结构。由于蒸渗器上部暴露在野外,不仅长期经受日晒雨淋、严寒酷暑的风化作用,还有一部分结构浸泡在水中,受到农田施用的化肥、农药、除草剂等化学品的侵蚀。钢结构防腐处理质量直接影响到蒸渗器的使用寿命。常用的刷油漆防腐,保护周期短,易锈蚀,需要经常维修。因此,需要采用先进的防腐工艺技术。

1. 用金属喷镀防腐

在蒸渗器容器钢板壁、观测井等钢结构加工完成后,先对钢结构进行喷砂除锈处理,然后用锌丝喷镀钢结构表面,喷镀均匀检验质量合格后用油漆封闭镀层。

2. 环氧树脂材料防护

地下廊道的进出口活动盖板,采用钢板加工制造。观测员每天进出廊道时频繁践踏,刷油漆防护极易脱落而使盖板锈蚀。采用高强度环氧树脂材料掺铝粉粘贴玻纤布的防护处理,大大延长了盖板的保护周期。

三、控制结构变形

蒸渗器容器上部的钢板薄壁,厚度仅 5 mm,施工中易发生结构变形,需采取加筋措施,以控制结构变形。用 ∟25 × 4 mm 角钢焊接在钢板外壁四周,并在相连的 2 个蒸渗器之间加焊钢筋支撑(见附图 19),有效地控制了结构变形。

四、主要部件

整个蒸渗器系统由以下主要部件构成:

(1)镀锌钢板薄壁与钢筋混凝土结构的盛土容器 12 个,每个长 3 m、宽

2 m、深1.75 m。

（2）镀锌钢板壁观测井3个，每个长1 m、宽0.8 m、高1.05 m。

（3）钢板结构隔渗圈3个，每个长2.31 m、宽1.3 m、高0.55 m。

（4）钢结构楼梯1个，长3 m、宽0.7 m。

（5）钢板活动盖板1个，长1.7 m、宽1.12 m。

（6）钢筋混凝土地下廊道1个，长14.75 m、宽2.2 m、深2.3 m。

（7）钢筋混凝土集水池1个，长3.3 m、宽1.8 m、深0.6 m。

（8）钢筋混凝土量水槽12个，每个长2 m、宽0.3 m、深0.8 m。

（9）钢筋混凝土排水渠2条，长13.2 m、宽0.3 m、深0.15 m。

（10）钢筋混凝土蓄水箱1个，长3.1 m、宽2.9 m、高1.9 m。

此外，还有供水、排水管道系统，观测系统，照明系统。

五、开挖、回填原状土技术

蒸渗器内土壤的过分扰动将严重破坏原土壤结构，影响作物生长。因此，需采取有效措施，将土壤开挖回填对原土壤层次、结构的影响降到最低程度。采用的方法是，在土壤开挖时分层开挖、分层摆放，每层开挖深度35 cm。回填时先在蒸渗器底部铺上冲洗干净的卵石、砾石、砂、玻纤布，然后按开挖的层次及深度用墨斗在容器壁上弹好回填深度控制线，按原来开挖时的土壤层次及深度回填土壤，每填一层土壤后灌水浸泡，待沉实达到原来层次深度标准（与控制线齐平）后排除积水，再回填另一层土壤。

六、主要工程量

建造12个蒸渗器的主要工程量包括以下几个部分：

（1）蒸渗器及地下廊道土方开挖（包括施工所需要开挖出来的场地）377.9 m³，回填土方180 m³，砂卵石滤层20.6 m³，搬运余土197 m³；

（2）安装模板450.2 m²，绑扎钢筋6 693.5 kg，浇筑混凝土93.9 m³；

（3）防水砂浆粉刷592.3 m²，环氧树脂材料防渗长度250.8 m；

（4）制作钢结构构件4 453.3 kg，安装灌排水镀锌钢管1 334.5 kg。

七、蒸渗器造价

12个蒸渗器的总造价88 664.23元，平均每个蒸渗器的造价为7 388.69

元,见表 4-1。

表 4-1 蒸渗器造价明细

序号	项目及内容	工程量	经费(元)	备 注
1	土方工程(挖、运、回填总量)	574.95 m³	2 640.05	包括平整场地 620 m²
2	现浇混凝土基础	30.91 m³	3 868.15	
3	钢筋混凝土工程	62.99 m³	24 104.36	
4	脚手架	440.4 m²	620.32	
5	防水砂浆粉刷	592.3 m²	1 722.56	
6	镀锌钢结构	4 580.5 kg	26 274.57	包括 13% 材料损耗费
7	灌水排水系统	1 334.5 kg	11 412.06	
8	计量系统		3 465.00	
9	动力照明系统		775.60	
10	环氧树脂材料防渗	250.8 m	1 715.47	
11	其他(技术资料考察费、管理费)		12 075.09	包括不可预见费
	合 计		88 664.23	

八、蒸渗器防渗性能检验

防渗是蒸渗器最基本的要求,也是最重要的质量指标之一。在蒸渗器回填土壤前必须进行防渗性能检验。方法及步骤是:先沿基坑向蒸渗器外围四周灌满水(见附图 21),检验容器壁及底板是否渗水有水湿印。合格后,再逐个蒸渗器满水进行单个检验(见附图 22)。

第五章　改进型蒸渗器性能试验及成果分析

第一节　试验概况

本项试验在江西省赣抚平原灌溉试验站的灌溉试验场内进行。该站位于南昌县向塘镇东北 2 km 处,海拔 22.58 m。试验区多年平均气温 17.5 ℃,多年平均年降水量 1 747 mm,年蒸发量 1 139 mm。试验区土质为粉质黏土,土壤中养分含量有机质为 2.74%,全氮为 0.155%,全磷为 0.103%,全钾为 47.2 mg/kg,含盐量为 2.43 mg/100 g 土。

试验区主要种植作物为双季水稻,一般在 3 月下旬播种双季早稻,4 月下旬栽插,7 月中旬开始收割,双季晚稻则在 7 月下旬栽插,10 月中旬开始收割,冬季主要作物为油菜或绿肥。

赣抚平原灌溉试验站建于 1977 年,建有作物灌溉试验场、气象观测场、土壤化验室、水质分析室等基本配套齐全的试验研究基础设施。

本项试验用的 12 个改进型蒸渗器位于该站北面的作物灌溉试验场 16 区内。12 个老式蒸渗器位于试验场南侧,平面布置见图 5-1。

老式蒸渗器的建筑材料为现浇混凝土,蒸渗器内表土面积为 4 m²(2 m × 2 m),深度为 1 m(田面以下为 0.8 m),容器壁厚 0.1 m,12 个蒸渗器中有 6 个无底、6 个有底,老式蒸渗器的灌水、排水用量桶计量,水位观测用 ZHD 型电测针。

试验采用相同的灌溉处理,均采用浅水间歇灌溉。农业技术措施亦相同,大田及蒸渗器所采用的水稻品种、插秧日期、中耕、施肥、病虫害防治等农业技术措施见表 5-1。

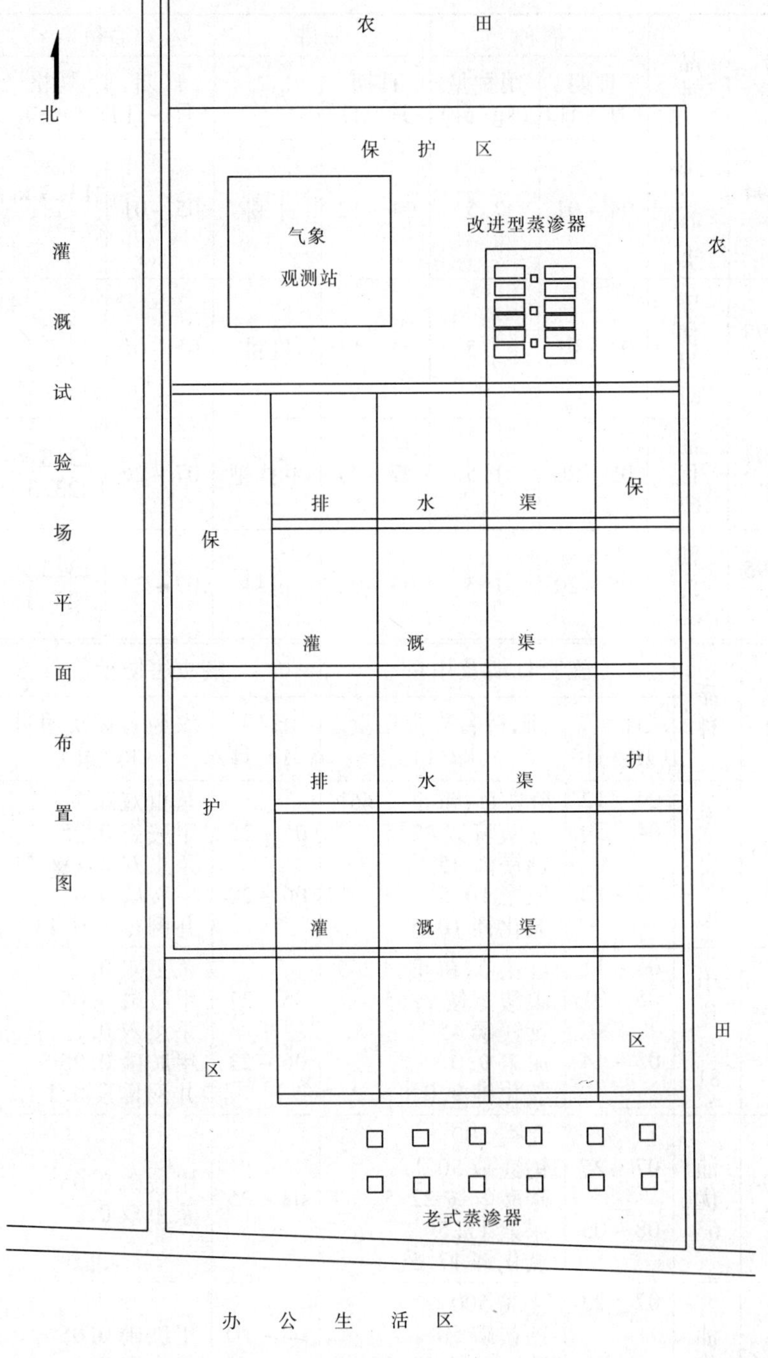

北

灌 溉 试 验 场 平 面 布 置 图

农 田

保 护 区

气象
观测站

改进型蒸渗器

农

排 水 渠 保

灌 溉 渠

排 水 渠 护

灌 溉 渠

保

护

区

区

田

老式蒸渗器

办 公 生 活 区

图 5－1

表 5 – 1　大田、蒸渗器水稻试验农业技术措施记载表

稻别	年份	品种	播种		翻耕		插秧		中耕日期(月 – 日)
			日期(月 – 日)	用种量(kg/亩)	日期(月 – 日)	方法	日期(月 – 日)	规格(cm)	
双季早稻	1994年	七三〇七	04 – 01	7.5	04 – 12	牛耕	05 – 01	13.3 × 23.3	05 – 15
	1995年	中优早81	04 – 01	7.5	04 – 11	机耕	05 – 02	13.3 × 23.3	05 – 13 05 – 22
双季晚稻	1994年	汕优63	06 – 20	1.5	07 – 24	牛扎耙	07 – 26	13.3 × 23.3	08 – 05 08 – 14
	1995年	汕优63	06 – 20	1.5	07 – 22	机耕	07 – 24	13.3 × 23.3	08 – 04 08 – 12

稻别	年份	品种	施肥日期及用量		病虫害防治		收割日期(月 – 日)
			日期(月 – 日)	肥料名称及用量(kg/亩)	日期(月 – 日)	农药名称及用量(kg/亩)	
双季早稻	1994年	七三〇七	04 – 12 04 – 30 05 – 12	红花草(鲜重)3 667 碳酸氢铵 22.5 钙镁磷 45 尿素 10.5 氯化钾 10.5	05 – 25 06 – 20	杀虫双 0.2 甲胺磷 0.05 杀虫双 0.1 甲胺磷 0.05 井网霉素 0.1	07 – 16
	1995年	中优早81	04 – 11 05 – 01 05 – 14	红花草(鲜重)4 365 碳酸氢铵 22.5 钙镁磷 45 尿素 9.0 氯化钾 9.0	05 – 27 06 – 23	杀虫双 0.2 甲胺磷 0.05 杀虫双 0.1 甲胺磷 0.05 井网霉素 0.1	07 – 18
双季晚稻	1994年	汕优63	07 – 25 08 – 05	大粪 500 钙镁磷 50 碳酸氢铵 22.5 尿素 17.5 氯化钾 17.5	08 – 25	甲胺磷 0.05 杀虫双 0.2	10 – 22
	1995年	汕优63	07 – 23 08 – 04	猪粪 500 钙镁磷 50 碳酸氢铵 22.5 尿素 17.5 氯化钾 17.5	08 – 20 09 – 18	甲胺磷 0.05 杀虫双 0.2 叶蝉散 0.5	10 – 25

第二节 试验方法与试验内容

一、试验目的

应用改进型蒸渗器与老式蒸渗器、大田同时进行对比,达到以下目的:

(1)测定蒸渗器各有关因素对水稻需水量、产量观测值的影响及误差值。

(2)分析影响我国现行蒸渗器测定资料的代表性、准确性的机理。

(3)提出我国现行蒸渗器的改进意见,为今后新建和改建蒸渗器以及准确地应用作物需水量测定资料提供科学依据。

二、试验方法

采用对比试验方法,同步观测改进型蒸渗器、老式蒸渗器的水稻需水量与产量,大田水稻产量以及有关影响因素。

三、观测项目

(一)水稻需水量测定

1.水位观测

每天8时测定改进型蒸渗器、老式蒸渗器、大田水位。

2.灌水量、排水量、渗漏量测定

灌水、排水分别用量水表、量水箱、ZHD型电测针计量,每天8时用量水箱计量测定改进型蒸渗器底部渗漏量一次。

(二)土壤理化性质测定

1.红花草鲜重测定

泡田前测定改进型蒸渗器、老式蒸渗器、大田红花草鲜重。

2.土壤物理性质测定

泡田前、早稻收割、晚稻收割后各取样1次测定土壤容重、比重、土壤孔隙度。

3.土壤化学性质测定

取样时间同上,测定土壤有机质、全氮、水解性氮、全磷、有效磷、全钾、速效钾含量。

(三)气象要素测定

(1)各种气象观测项目及观测方法按县一级气象站测定要求进行。

(2)土壤温度观测:用曲管地温表观测土壤0 cm、10 cm、20 cm深温度。

（四）作物生育状况测定

1. 基本苗调查

水稻返青后，调查成活的稻苗数。

2. 分蘖量调查

定点观测每丛苗数，考察分蘖增减动态和最高分蘖数，每5天观测1次，临近分蘖高峰期至抽穗期每隔3天观测1次。

3. 株高测定

定点观测株高，抽穗前为土面至每丛最高叶尖的高度，抽穗后为土面至最高穗顶（不连芒）的高度。

4. 干物质重

取样烘干称重，分别测定植株、根系干重。取样后，应从保护区内移株补充齐所缺稻株。

5. 验产

按各块田，各个蒸渗器单收、单打、单晒验收稻谷产量。

6. 考种

水稻收割前取水稻样品，洗净根部泥土，风干后测定穗长、有效穗、每穗粒数、千粒重、谷重、秆重等。

第三节　蒸渗器对水稻生育性状及产量代表性分析

一、水稻生育状况指标

为了使蒸渗器所测定作物需水量能够代表大田作物需水量，就需要使蒸渗器内的作物长势与周围大田作物长势一致。本项试验测定了水稻株高、分蘖量、干物质重等项水稻生育状况指标，以检验蒸渗器内和大田内水稻长势差异程度。

（一）水稻株高

一些研究试验表明，蒸渗器内的作物比四周作物的高度高7~15 cm时，腾发量增长10%~30%。因此，应使蒸渗器内的作物高度尽可能与大田作物高度相同。

从1995年双季晚稻实测资料分析（见图5-2），蒸渗器内水稻株高略大于大田内水稻株高。其中改进型蒸渗器内水稻各样生育期株高比大田水稻高高出2.5~6.6 cm，相对高差在7%以内。老式蒸渗器水稻株高则比大田水稻高出10.6 cm，相对高差在10%以内。说明改进型蒸渗器内水稻株高比老式蒸渗器更接近大田水稻株高。

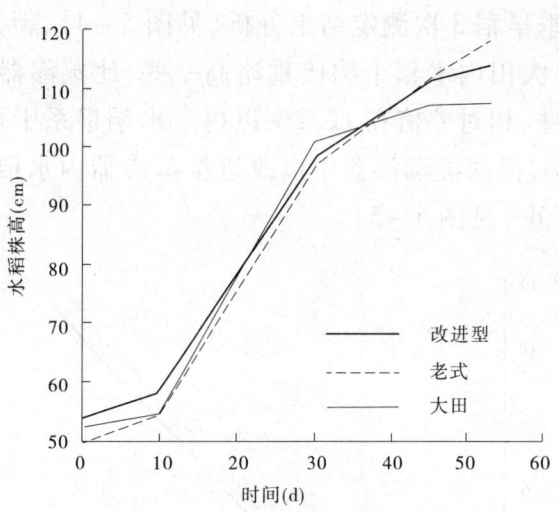

图 5 - 2 蒸渗器对水稻植株增高影响过程线

(二)水稻分蘖量

水稻分蘖量反映了水稻群体生长的状况,影响到水稻的腾发量。

从 1995 年双季早稻观测资料分析(见图 5 - 3),以大田内水稻分蘖量略高一些,分别比改进型蒸渗器内水稻分蘖量多 2.1 茎/株,比老式蒸渗器多 2.2 茎/株,相对差值在 17.5% 以内。

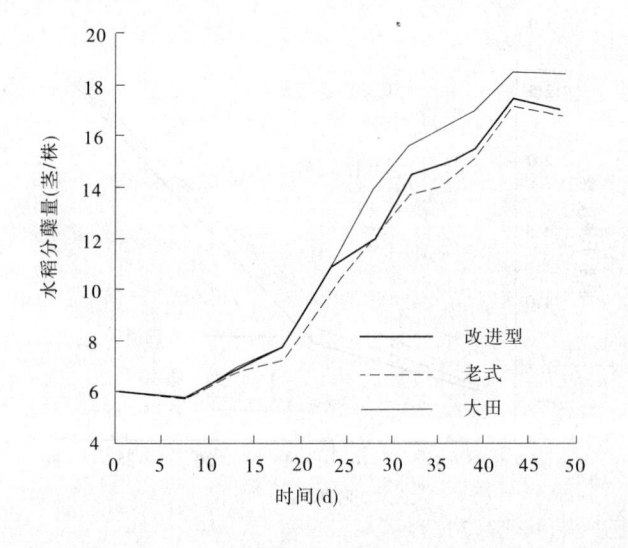

图 5 - 3 蒸渗器对水稻分蘖增长影响过程线

（三）水稻干物质重

从 1995 年双季早稻 3 次测定结果分析（见图 5 - 4），新、老蒸渗器水稻干物质重差别不大。大田内水稻干物质重略高一些，比蒸渗器内水稻干物质重大 0.74 ~ 0.76 g/株，相对差值在 12.1% 以内。水稻根系干重相对差值较大，最大值达到 23.1%，但两类蒸渗器中以改进型蒸渗器内水稻根系干重更接近大田内水稻根系干重（见图 5 - 5）。

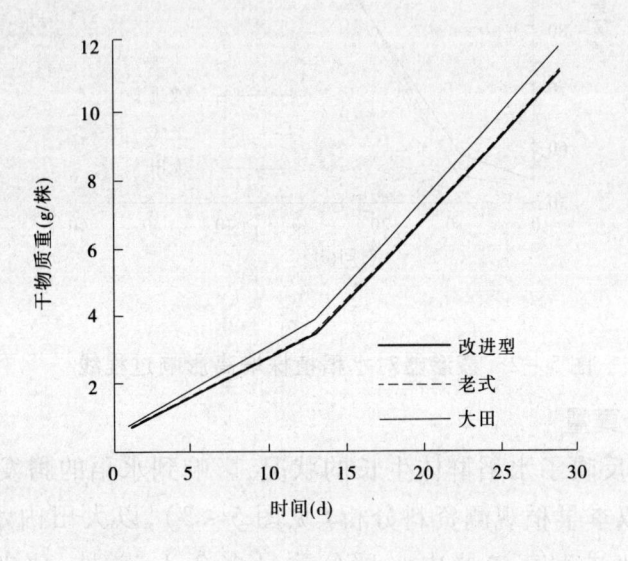

图 5 - 4　蒸渗器对水稻干物质重影响线

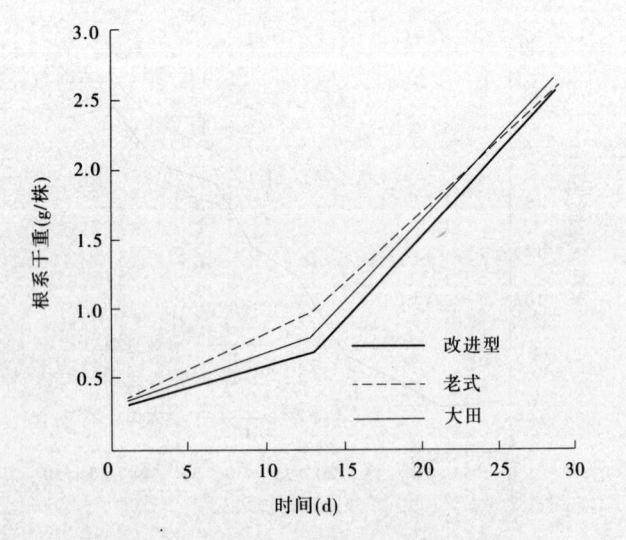

图 5 - 5　蒸渗器对水稻根系干重影响线

从以上水稻生育状况实测指标分析,两类蒸渗器比较,表明改进型蒸渗器的水稻长势更接近大田内水稻长势。

二、水稻产量分析

作物产量是水、肥、气、热、土诸因素协调及农业技术措施综合作用的结果。在一定的气候和农业技术措施条件下,作物产量与作物蒸发蒸腾量具有密切的关系。不同产量水平的作物有着不同的蒸发蒸腾量。因此,在检验蒸渗器测量作物蒸发蒸腾量的可靠性、代表性时必须检验其产量水平及差异性。

表5-2为水稻验产结果。从几年试验水稻验产结果分析,蒸渗器内水稻平均产量略低于大田水稻平均产量。

表5-2　水稻产量统计

处理	稻别	产量(kg/亩)					与大田相比相对误差(±%)
		1992年	1993年	1994年	1995年	平均值	
改进型蒸渗器	双季早稻		337.1	247.7	409.8	331.5	-1.03
	双季晚稻	439.0	451.7	339.8	439.4	417.5	-2.78
	两季之和		788.8	587.5	849.2	749.0	-2.0
老式蒸渗器	双季早稻		343.8	296.5	370.9	337.1	+0.66
	双季晚稻	373.2	375.0	329.2	457.7	383.8	-11.8
	两季之和		718.8	625.7	828.6	720.9	-5.98
大田	双季早稻		297.5	415.0	292.1	334.9	
	双季晚稻	406.3	433.4	455.0	421.7	429.1	
	两季之和		730.9	870.0	713.8	764.0	

改进型蒸渗器的水稻产量平均值与大田水稻产量平均值相比,其相对误差双季早稻为-1.03%,双季晚稻为-2.78%,两季之和为-2.0%;而老式蒸渗器的水稻产量平均值与大田值的相对误差,双季早稻为+0.66%,双季晚稻为-11.8%,两季之和为-5.98%。

以上试验结果表明,对蒸渗器的改进措施有效地避免了各项因素对其自然环境的干扰和影响,保持了改进型蒸渗器环境与田间自然环境的一致性,使得改进型蒸渗器内的水稻生长环境接近大田,从而使其水稻平均产量十分接近大田水稻平均产量。

三、水稻产量的标准差及变异系数分析

本项研究在于探明蒸渗器回填扰动土壤观测的成果是否可靠,以及蒸渗器位置选择、整体结构布置、薄壁结构及滤层设置和地下观测方法等各项改进措施,是否对所测资料的代表性、准确性有所提高。提高程度有多大,这是本项试验需要进行检验的重点。

对蒸渗器所测资料代表性、准确性造成影响的各项因素,同时也影响到水稻产量,反映到水稻产量上。在相同灌溉处理、农业技术措施和田间管理条件下,上述影响因素造成的差异程度将表现在水稻产量的差异上。因此,需要对两类蒸渗器的水稻产量标准差和变异系数进行分析。

标准差及变异系数所采用的计算公式如下:

$$S = \sqrt{\frac{\sum (x - \bar{x})^2}{N - 1}} \qquad (5-1)$$

$$C_v = S / \bar{x} \qquad (5-2)$$

式中　S——样本的标准差;

　　　$\bar{x}$——样本的均值;

　　　N——样本的自由度;

　　　C_v——样本的变异系数。

从 1992 年双季晚稻两类蒸渗器的产量标准差和变异系数计算结果(见表 5-3)分析,改进型蒸渗器的水稻产量均值 439.0,标准差为 20.9,变异系数为 4.57%。而老式蒸渗器的水稻产量均值为 373.19,标准差为 41.64,变异系数为 11.16%。结果显示,改进型蒸渗器的水稻产量标准差、变异系数均小于老式蒸渗器,表明对蒸渗器的各项改进措施确实对所测资料的代表性、准确性有较大提高。

表 5-3　水稻产量标准差、变异系数计算

处理	水稻产量(kg/亩)											
	1	2	3	4	5	6	7	8	9	10	11	12
改进型	438.9	416.7	427.8	405.6	427.8	450.0	450.0	461.1	427.8	438.9	483.4	450.0
老式	400.0	383.4	300.0	308.3			366.7	400.0	400.0		383.6	416.7
计算结果	改进型蒸渗　$\bar{x} = 439.0$　　　$S = 20.9$　　　$C_v = 0.045\,7$											
	老式蒸渗器　$\bar{x} = 373.19$　　　$S = 41.64$　　　$C_v = 0.111\,6$											

第四节　蒸渗器观测作物需水量成果可靠性分析

一、不同方法测定作物需水量的水量平衡数学模型

(一)改进型排水式蒸渗器

根据水量平衡原理确定的排水式蒸渗器水量平衡数学模型如下。

1. 水稻淹水阶段

水稻淹水阶段改进型排水式蒸渗器水量平衡数学模型为：

$$ET_d = h_1 - h_2 + m + p - f - c \qquad (5-3)$$

式中　ET_d——排水式蒸渗器的日蒸发蒸渗量；

h_1——排水蒸渗器中第 1 日 8 时的土面水位；

h_2——排水蒸渗器中第 2 日 8 时的土面水位；

m——排水蒸渗器中第 1 日内灌水量；

p——排水蒸渗器中第 1 日内降雨量；

f——排水蒸渗器中第 1 日内土底排水量(渗漏量)；

c——排水蒸渗器中第 1 日内土面排量。

2. 水稻落干阶段

水稻落干阶段改进型排水蒸渗器水量平衡数学模型为：

$$ET_g = h_{bg} - h_{ag} - c_g + p_g + m \qquad (5-4)$$

式中　ET_g——排水式蒸渗器落干阶段的蒸发蒸腾量；

h_{bg}——排水式蒸渗器落干前土面水层的水位；

h_{ag}——排水式蒸渗器落干结束第 1 次灌水后(达到水位稳定)土面水层的水位；

c_g——排水式蒸渗器落干期间土面和土底排水量之和；

p_g——排水式蒸渗器落干期间降雨量；

m——排水式蒸渗器落干结束第 1 次灌水量。

(二)大田及老式蒸渗器中之无底蒸渗器

1. 水稻淹水阶段

水稻淹水阶段大田及无底蒸渗器水量平衡数学模型为：

$$W_d = h_1' - h_2' + m' + p' - c' \qquad (5-5)$$

式中　W_d——大田日蒸腾量与田间渗漏量之和；

　　　h_1'——大田第 1 日 8 时田面水位；

　　　h_2'——大田第 2 日 8 时田面水位；

　　　m'——大田第 1 日灌水量；

　　　p'——大田第 1 日降雨量；

　　　c'——大田第 1 日排水量。

2. 水稻落干阶段

水稻落干阶段大田及无底蒸渗器水量平衡数学模型为：

$$W_g = h_{bg}' - h_{ag}' - c_g' + p_g' - m' \tag{5-6}$$

式中　W_g——大田落干阶段蒸发蒸腾量与渗漏量之和；

　　　h_{bg}'——大田落干前的田面水位；

　　　h_{ag}'——大田落干结束第 1 次灌水后(达到水位稳定)田面水位；

　　　c_g'——大田落干阶段内大田的地面排水量；

　　　p_g'——大田落干阶段内降雨量；

　　　m'——大田落干结束后大田内第 1 次灌水量。

以上各项的单位均为 mm。

二、改进型与老式蒸渗器所测作物需水量值的比较

从 3 年测定水稻 ET 值试验结果分析,老式蒸渗器(厚壁)所测 ET 值均大于改进型蒸渗器(薄壁)所测 ET 值(见表 5-4)。与改进型蒸渗器所测 ET 值比较,老式蒸渗器所测 ET 值相对误差为:双季早稻 +21.74%,双季晚稻为 +17.92%,两季之和为 +19.54%。

张增坼教授采用厚壁测坑、薄壁测坑、大田同时测定了 3 年小麦、夏玉米的 ET 值,结果厚壁测坑比大田所测小麦 ET 值高 21.4%,夏玉米 ET 值高 19.6%,比薄壁测坑所测小麦 ET 值高 12.8%,夏玉米 ET 值高 12.4%。而水稻试验 ET 值也得出同样的结果,显示老式的厚壁蒸渗器所测 ET 值偏大,与张增坼教授研究旱作物的结论相吻合。

表 5 - 4 蒸渗器测定 *ET* 值相对误差

处理	稻别	*ET* 值（mm）				相对误差（%）
		1993 年	1994 年	1995 年	平均值	
改进型	双季早稻	227.8	267.7	325.0	273.5	
	双季晚稻	361.6	314.7	433.2	369.8	
	两季之和	589.4	582.4	758.2	643.3	
老式	双季早稻	248.5	289.8	460.6	333.0	21.74
	双季晚稻	392.5	404.9	510.8	436.1	17.92
	两季之和	641.0	694.7	971.4	769.0	19.54

从两类蒸渗器所测水稻各生育期 *ET* 值结果分析（见表 5 - 5），各生育期均以老式蒸渗器 *ET* 值较大，各生育期 *ET* 值相对误差为 8.11% ~ 35.17%。

表 5 - 5 蒸渗器测定水稻各生育期 *ET* 值相对误差

处理	稻别	*ET* 值（mm/d）							
		返青期	分蘖前期	分蘖后期	孕穗期	抽穗开花期	乳熟期	黄熟期	全生育期
改进型	双季早稻	3.27	2.62	3.21	2.74	3.64	4.68	4.91	3.52
	双季晚稻	3.63	4.77	4.96	5.22	4.09	3.23	2.54	4.03
	两季之和	3.45	3.70	4.09	3.98	3.87	3.96	3.73	3.78
老式	双季早稻	3.80	3.60	4.18	4.06	4.89	5.34	4.74	4.28
	双季晚稻	3.95	4.40	5.67	5.00	5.57	5.05	3.55	4.68
	两季之和	3.88	4.00	4.93	4.53	5.23	5.20	4.14	4.48
	相对误差（%）	12.46	8.11	20.54	13.82	35.17	31.31	10.99	18.52

三、改进型与老式蒸渗器所测作物需水量值标准差、变异系数比较

水稻 *ET* 值标准差、变异系数计算分析见表 5 - 6。

表 5 - 6　水稻 ET 值标准差、变异系数计算分析

处理	重复号	ET 值（mm）				计算参数 $(x-\bar{x})^2$			
		8 月	9 月	10 月	全生育期	8 月	9 月	10 月	全生育期
改进型蒸渗器	1	147.3	109.5	59.1	315.9	33.06	91.78	0	14.67
	2	160.6	108.5	59.1	328.2	57.0	73.62	0	260.18
	3	149.2	102.7	59.1	311.0	14.82	7.73	0	1.14
	4	152.8	97.7	59.1	309.6	0.06	4.93	0	6.1
	5	149.7	95.2	59.1	304.0	11.22	22.28	0	65.12
	6	158.7	85.9	59.1	303.7	31.92	196.56	0	70.06
	Σ	918.3	599.5	354.6	1 872.4	148.08	396.90	0	417.27
	$\bar{x}$	153.05	99.92	59.1	312.07				
	S	5.44	8.91	0	9.14				
	C_v	0.035 6	0.089 2	0	0.029 3				
老式蒸渗器	1	176.4	153.4	64.3	399.1	21.78	0.22	11.09	3.24
	2	200.9	181.6	59.3	441.8	393.36	516.65	2.79	1 672.81
	3	165.9	136.6	59.3	361.8	230.03	494.95	2.79	1 528.81
	Σ	543.2	476.6	182.9	1 202.7	645.17	1 012.82	16.67	3 204.86
	$\bar{x}$	181.07	158.87	60.97	400.9				
	S	17.96	22.5	2.89	40.03				
	C_v	0.099 2	0.141 6	0.047	0.099 9				

　　从 1994 年双季晚稻各月 ET 值的标准差、变异系数分析，改进型蒸渗器标准差在 9.14 的范围内、变异系数在 8.92% 的范围内，而老蒸渗器所测 ET 值标准在 40.03 的范围内、变异系数在 14.16% 的范围内，表明改进型蒸渗器有较高的测量精度。

第六章 影响我国现行蒸渗器测定资料代表性、准确性机理分析

第一节 蒸渗器容器壁对土壤热状况的影响及对策

一、概述

土壤的热状况直接影响土壤水分和空气运动,影响土壤微生物的活动和土壤养分的转化,影响植物的生长发育和产量,对作物需水量亦产生较大影响。

蒸渗器四周容器壁一般高出土壤面 10 ~ 15 cm,容器壁的存在,影响蒸渗器内土壤与外界土壤间的热量传递。土壤热量主要来源于太阳的辐射能,容器壁采用不同的材料,其导热率不同,亦对土壤温度产生不同影响。砖石结构材料的导热率为 0.62 kcal/(m · h · ℃),钢结构材料的导热率为 50 kcal/(m · h · ℃),而土壤的导热率只有 0.000 03 kcal/(m · h · ℃)。露出土壤面的蒸渗器壁多数为混凝土结构,由于吸收传导太阳辐射热而对土壤温度产生影响。露出地表的容器壁越厚,接受的太阳辐射热越多,对土壤热状况的影响就越大,以下探讨这方面问题。

二、对蒸渗器影响土壤热状况的观测方法

采用对比观测方法,即同步观测改进型蒸渗器(钢板薄壁)和老式蒸渗器(混凝土厚壁)附近的土壤温度,采用曲管地温表,垂直方向测定 0 cm、10 cm、20 cm 三个土壤深度的土温,水平方向测定距蒸渗器壁 0 cm、10 cm、20 cm、30 cm 四个不同距离的土温。白天(8 ~ 20 时)每 2 h 观测 1 次土温,夜间(20 ~ 8 时)每 3 h 观测 1 次土温。

三、蒸渗器壁影响土壤热状况的观测结果及分析

从两类蒸渗器壁对土壤温度的影响分析,以混凝土厚壁影响较大,表现为距混凝土厚壁 0~30 cm 范围的土壤温度明显高于钢板薄壁同样范围的土壤温度。从 1995 年 7 月 11 日 14 时所测土温分析,混凝土厚壁内的土壤表面温度(距容器壁水平距离为 0 cm、10 cm、20 cm、30 cm 四个测点)分别高出钢板薄壁内的土壤相同距离处 5.5 ℃、2.8 ℃、2.0 ℃、1.3 ℃。显示出水平方向越靠近混凝土厚壁的土壤表面,土壤温度升的越高,表明混凝土厚壁接收的太阳辐射热多于土壤表面,并且顺器壁向水平和垂直两个方向将热量传递给蒸渗器内土壤,水平方向的影响范围为 30 cm 左右,垂直方向的影响范围为 20 cm 左右。影响程度随着距器壁的水平距离、土壤深度加大而逐渐减小(见图 6-1、图 6-2)。

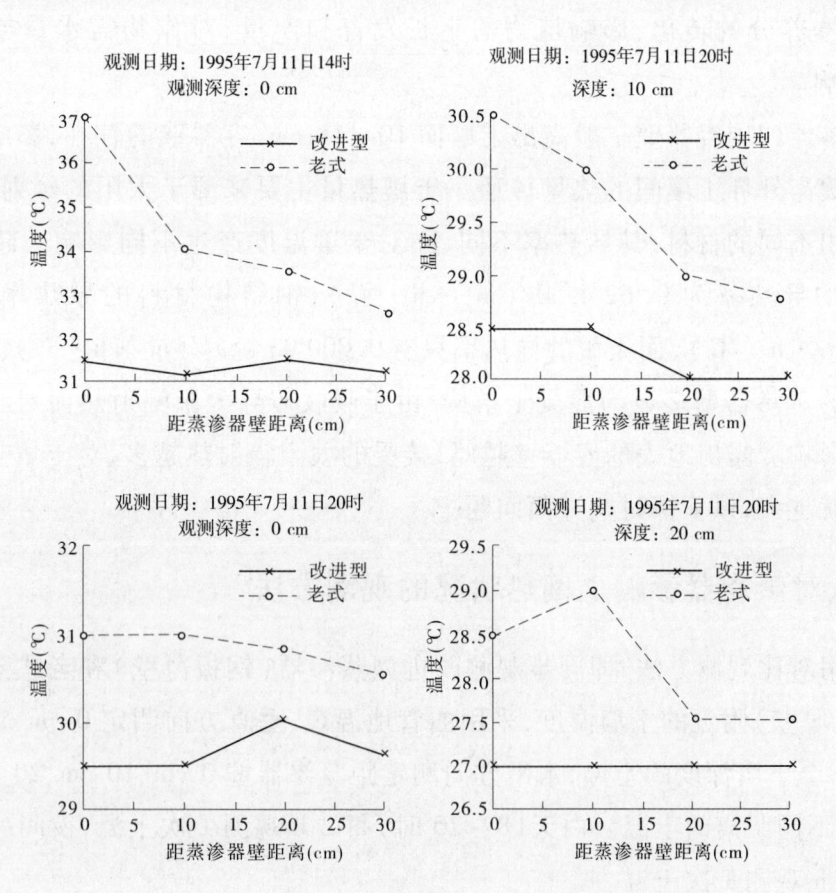

图 6-1　温度水平分布曲线

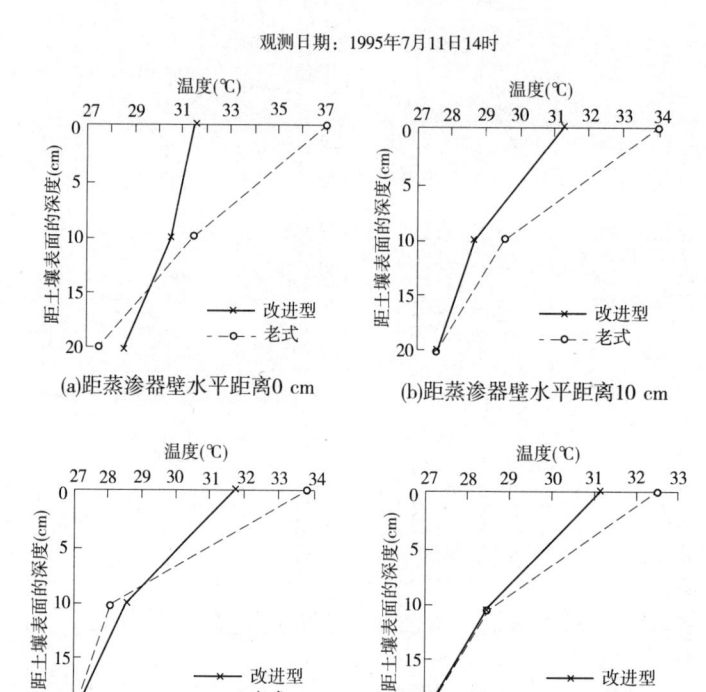

观测日期：1995年7月11日14时

(a)距蒸渗器壁水平距离0 cm

(b)距蒸渗器壁水平距离10 cm

(c)距蒸渗器壁水平距离20 cm

(d)距蒸渗器壁水平距离30 cm

图6-2 温度垂直分布曲线

四、蒸渗器厚壁引起土壤温升的数学模型

应用实测蒸渗器附近土壤温度资料(见图6-3)，找出蒸渗器影响附近土壤温度的规律，采用回归分析方法，建立计算蒸渗器壁附近土壤温升的计算方程式，为正确估算土壤温升提供依据。

(一)影响土壤温度因素的选择

从实测土壤温度资料分析，蒸渗器混凝土厚壁对附近土壤温度影响显著，选取土壤深度为 x_1，距蒸渗器壁水平距离为 x_2，混凝土厚壁比钢板薄壁同测点土壤温升值为 y，建二元线性计算方程式。选择1995年7月11日20时实测土壤温度资料如表6-1所示。

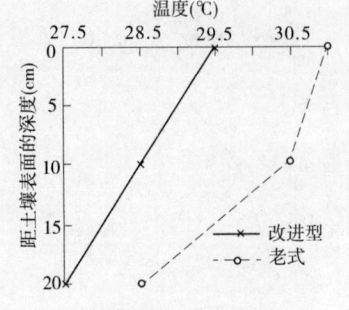

(a)距蒸渗器壁水平距离0 cm

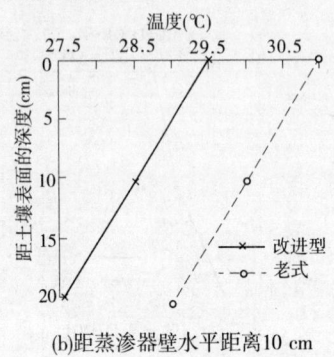

(b)距蒸渗器壁水平距离10 cm

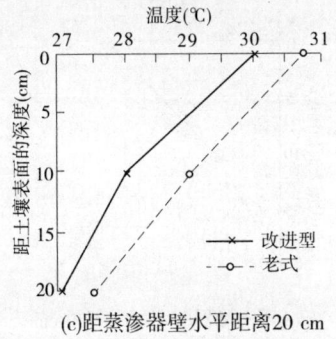

(c)距蒸渗器壁水平距离20 cm

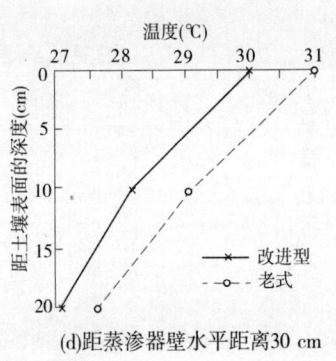

(d)距蒸渗器壁水平距离30 cm

图 6 - 3 温度垂直分布曲线

表 6 - 1 土壤温度观测原始数据

温升值 y（℃）	1.5	2.0	1.0	1.5	1.5	1.5	0.8	1.0	0.5	0.9	0.8	0.5
土层深 x_1（cm）	0	10	20	0	10	20	0	10	20	0	10	20
与壁距离 x_2	0	0	0	10	10	10	20	20	20	30	30	30

（二）数学模型的建立

有 n 组观测数据：

$$（y_1 \quad x_{11} \quad x_{21}）$$

$$（y_2 \quad x_{12} \quad x_{22}）$$

$$\vdots$$

$$（y_n \quad x_{1n} \quad x_{2n}）$$

其二元线性回归方程式为：

$$\hat{y} = b_0 + b_1 x_1 + b_2 x_2 \tag{6-1}$$

由理论推导,得正规方程组:

$$\begin{cases} L_{11}b_1 + L_{12}b_2 = L_{1y} \end{cases} \qquad (6-2)$$

$$\begin{cases} L_{21}b_1 + L_{22}b_2 = L_{2y} \end{cases} \qquad (6-3)$$

$$b_0 = \bar{y} - b_1\bar{x}_1 - b_2\bar{x}_2 \qquad (6-4)$$

其中

$$\bar{y} = \frac{\sum y}{n} \qquad (6-5)$$

$$\bar{x}_i = \frac{\sum x_j}{n} \quad (i,j=1,2) \qquad (6-6)$$

$$L_{ij} = L_{ji} = \sum x_i x_j - \frac{1}{n}\sum x_i \sum x_j \quad (i,j=1,2) \qquad (6-7)$$

$$L_{iy} = \sum x_i y - \frac{1}{n}\sum x_i \sum x_y \quad (i=1,2) \qquad (6-8)$$

$$L_{yy} = \sum y^2 - \frac{1}{n}(\sum Y)^2 \qquad (6-9)$$

令

$$\Delta = L_{11}L_{22} - L_{12}L_{21} \qquad (6-10)$$

$$\begin{cases} C_{11} = \frac{L_{22}}{\Delta} \end{cases} \qquad (6-11)$$

$$\begin{cases} C_{22} = \frac{L_{11}}{\Delta} \end{cases} \qquad (6-12)$$

$$\begin{cases} C_{12} = C_{21} = -\frac{L_{12}}{\Delta} \end{cases} \qquad (6-13)$$

$$\begin{cases} b_1 = C_{21}L_{1y} + C_{12}L_{2y} \end{cases} \qquad (6-14)$$

$$\begin{cases} b_2 = C_{21}L_{1y} + C_{22}L_{2y} \end{cases} \qquad (6-15)$$

土壤温升观测数值及平方和、交叉项计算见表 6-2。

表 6-2　土壤温升观测数值及平方和、交叉项计算

序号	y	x_1	x_2	x_1^2	x_2^2	x_1x_2	x_1y	x_2y	y^2
1	1.5	0	0	0	0	0	0	0	2.25
2	2.0	10	0	100	0	0	20	0	4
3	1.0	20	0	400	0	0	20	0	1
4	1.5	0	10	0	100	0	0	15	2.25
5	1.5	10	10	100	100	100	15	15	2.25
6	1.5	20	10	400	100	200	30	15	2.25
7	0.8	0	20	0	400	0	0	16	0.64

序号	y	x_1	x_2	x_1^2	x_2^2	$x_1 x_2$	$x_1 y$	$x_2 y$	y^2
8	1.0	10	20	100	400	200	10	20	1
9	0.5	20	20	400	400	400	10	10	0.25
10	0.9	0	30	0	900	0	0	27	0.81
11	0.8	10	30	100	900	300	8	24	0.64
12	0.5	20	30	400	900	600	10	15	0.25
Σ	13.5	120	180	2 000	4 200	1 800	123	157	17.59

由以上各式计算得出:

$b_1 = -0.015 \qquad b_2 = 0.030\ 33 \qquad b_0 = 1.73$

得到土壤温升计算方程式:

$$\hat{y} = 1.73 - 0.015 x_1 - 0.030\ 33 x_2$$

式中 　$\hat{y}$——厚壁蒸渗器引起的土壤温升值,℃;

　　　x_1——土层深度,cm;

　　　x_2——与蒸渗器壁的距离,cm。

(三)数学模型的显著性检验

数学模型的显著性检验可由表 6 - 3 的方差分析检验,m 取 2。

表 6 - 3　m 元线性回归方差分析

变异来源	自由度	平方和	均方	F
回归	m	$SS_{回} = \sum b_1 L_{1y}$	$SS_{回}/m$	$\dfrac{SS_{回}/m}{SS_{剩}/(n-m-1)}$
剩余	$n - m - 1$	$SS_{剩} = SS_{总} - SS_{回}$	$SS_{剩}/(n-m-1)$	
总变异	$n - 1$	$SS_{总} = \sum y^2 - (\sum y)^2/n$		

注:临界值为 $F_{0.05[m, n-m-1]}$ 与 $F_{0.01[m, n-m-1]}$。

由表 6 - 3 计算可得方差分析结果,见表 6 - 4。

表 6 - 4　方差分析结果

变异来源	自由度	平方和	均方	F
回归	2	1.558 65	0.779 325	8.311 8 * *
剩余	9	0.843 85	0.093 761	
总变异	11	2.402 5		

查 F 表得 $F_{0.05[2,9]} = 4.26$，$F_{0.01[2,9]} = 8.02$。

$$F = \frac{\text{回归均方}}{\text{剩余均方}} = \frac{0.779\ 325}{0.093\ 761} = 8.311\ 8$$

由于 $F = 8.311\ 8$，大于 $F_{0.01[2,9]}$，达到极显著水平。

（四）数学模型偏回归系数的显著性检验

对 b_1：
$$t = \frac{b_1}{\sqrt{C_{11}SS_{\text{剩}}/(n-m-1)}}$$
$$= \frac{-0.015}{\sqrt{0.001\ 25 \times 0.843\ 85/9}} = -1.385\ 56$$

对 b_2：
$$t = \frac{b_2}{\sqrt{C_{22}SS_{\text{剩}}/(n-m-1)}}$$
$$= \frac{-0.030\ 33}{\sqrt{0.000\ 666\ 7 \times 0.843\ 85/9}} = -3.836\ 78$$

查 t 表得　$t_{0.05[9]} = 2.262$　　$t_{0.01[9]} = 3.250$

由于 b_1 的 $|t| < t_{0.05[9]}$，b_2 的 $|t| > t_{0.01[9]}$，可知 b_2 达到极显著，而 b_1 不显著。可考虑在数学模型中将 x_1 项予以剔除。

（五）数学模型中自变量的剔除

由于 b_1 不显著，故考虑从原回归方程中予以剔除，从而由原数学模型形式改为如下数学模型：

$$\hat{y} = b_{0*} + b_{2*}x_2$$

其中　$b_{2*} = b_2 - \dfrac{C_{12}}{C_{11}}b_1 = -0.030\ 33 - \dfrac{0}{0.001\ 25}(-0.015) = -0.030\ 33$

$b_{0*} = \bar{y} - b_{2*}\overline{x}_2 = -1.125 - (-0.030\ 33) \times 15 = 1.58$

新建立土壤温升数学模型为：

$$\hat{y} = 1.58 - 0.030\ 33x_2$$

（六）土壤温升的计算机程序

上述蒸渗器厚壁引起土壤温升的计算可用简便的计算机程序计算。

五、蒸渗器影响土壤热状况的对策

试验结果表明，虽然钢板的导热率大于混凝土，但由于改进型蒸渗器钢板薄壁的厚度仅为 5 mm，为老式蒸渗器混凝土厚壁厚度 100 mm 的 1/20，事实上，很薄的钢板壁对热量的拦截很小，钢板壁刷上白色的油漆又能反射掉大量的太阳辐射热,加上四周与大田一致的作物覆盖措施,使得蒸渗器钢板薄壁对土壤热状况的影响很小。

因此,蒸渗器地上部分用薄壁(钢板)可作为减少蒸渗器壁影响土壤热状况的对策。

第二节　蒸渗器对土壤结构及水分张力的影响及其采取的对策

一、概述

蒸渗器使土壤中的水和空气与周围土壤隔绝了,但对环境条件还必须有代表性。采用滤层及土壤底层排渗、负压排水以提高蒸渗器环境条件的代表性是至关重要的,而在以往的设计中又常常被人们所忽视。特别是对于负压排水仍缺乏足够的重视,以下着重研究这方面问题。

二、滤层、排渗对蒸渗器土壤结构的改善

以往建造的一些缺少滤层和排渗的蒸渗器,使用多年,使得容器内的土壤结构逐渐恶化,装黏重土壤的水稻蒸渗器此问题更加严重。水耕水种使水稻根系活动层长期处于饱和状态,且水分又不流动;土壤中得不到新鲜氧气的补充,有机质在嫌气细菌作用下,处于还原状态,硫化氢、氧化亚铁等有毒物质大量积聚,影响作物根系生长,造成作物减产。在春季多雨季节,影响红花草的生长(见附图13)。

三、蒸渗器的土壤水分张力与田间土壤水分张力的差异

美国的 Van Bavel 研究了土壤水分张力问题,给出了有排水措施和负压排水措施的蒸渗器的土壤水分与深度关系图(见图6-4)。从图中可以看出,虽然有排水措施,但不论蒸渗器内的土壤深与浅,在容器底部的水分都有滞留现象(水分张力为零),土壤水分没有排干,处于饱和状态。而在容器底部安排了负压排水措施(张力盘排水)的蒸渗器,其土壤水分张力值与田间正常值接近。

河北农业大学张增圻教授的课题组也测定了不同深度蒸渗器内土壤水分张力分布的差别(见图6-5),得出容器内土层愈深,其土壤水分张力的整体分布愈接近大田。但其水分张力分布曲线下端0.5~0.8 m范围内的形态与大田不同,均小于大田同样深度的水分张力。

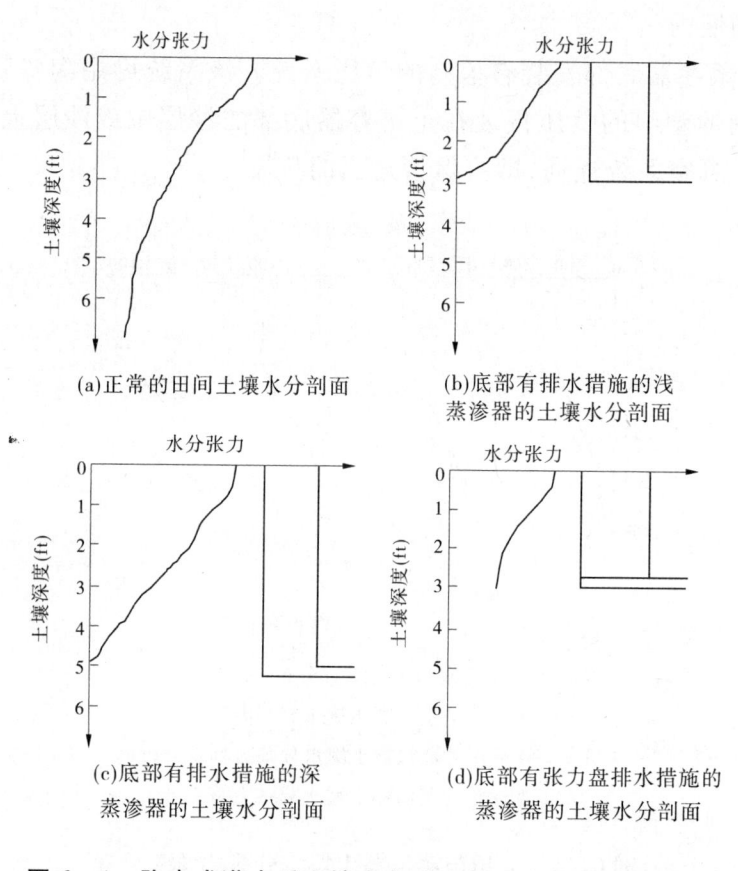

(a)正常的田间土壤水分剖面

(b)底部有排水措施的浅蒸渗器的土壤水分剖面

(c)底部有排水措施的深蒸渗器的土壤水分剖面

(d)底部有张力盘排水措施的蒸渗器的土壤水分剖面

图6-4　降水或灌水后土壤水分张力与深度间的理想关系

(1 ft = 0.304 8 m)

　　需要指出的是,用于测定旱作物需水量的蒸渗器中,那类既没有负压排水设施,而容器内装土又很浅的蒸渗器,在灌溉期较长(或旱期延长)的情况下,容器底部的水分便向上补充,被作物根系吸收,使得蒸渗器内所测得的作物腾发量高于田间实际的作物腾发量。

四、蒸渗器的滤层及排渗、负压排水措施

　　为了保持蒸渗器内正常的土壤结构,需要在容器底部布设滤层和排水。通过排渗,利用入渗水中的氧气补充土壤中氧气的不足,并通过渗漏排水,排除土壤中积累的有害物。

　　使蒸渗器所测得作物需水量能够代表田间实际的作物需水量的另一项措施,是防止水分在蒸渗器底部滞留,保持蒸渗器内土壤水分张力与大田一致。其对策是:

　　(1)加大蒸渗器内土层深度,以保证滞留的水分不能通过毛管上升到根

系最大活动层内。

（2）在蒸渗器底部安装有控制的负压系统。该系统可用陶瓷管、石膏棒、不锈钢或丙烯塑料的负压板装在土壤容器底部的沙层中或沙层上的土壤里，然后与一个真空系统连通，即可保持适当的负压。

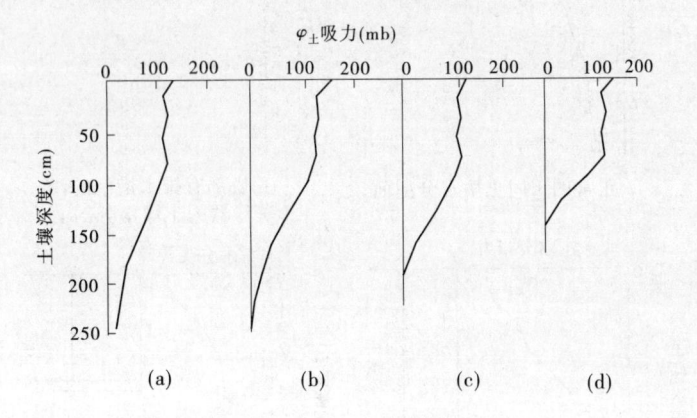

（a）大田土壤水分张力垂直分布

（b）2.5 m 深的蒸渗器土壤水分张力垂直分布

（c）2.0 m 深的蒸渗器土壤水分张力垂直分布

（d）1.5 m 深的蒸渗器土壤水分张力垂直分布

图 6－5　大田与蒸渗器土壤水分张力垂直分布

第三节　贴壁渗漏对蒸渗器渗漏量及渗漏时间的影响

一、概述

蒸渗器容器壁为刚性材料，在干、湿情况下不发生体积收缩膨胀。而容器内的土壤则干缩湿胀明显。在旱作物土壤水分减少期、水稻晒田期、落干期，容器内的土壤随着水分的减少，土壤逐渐干缩，使得土壤在贴近容器壁处出现一条明显的缝隙。当向蒸渗器内灌水（降雨）时，便顺着蒸渗器内四周贴壁处的缝隙产生大量渗漏，与大田实际的深层渗漏有很大的差别。

二、关于蒸渗器贴壁渗漏的试验

张增圻教授等对旱作物使用的蒸渗器进行了贴壁渗漏的试验观测，对不同土壤深度的蒸渗器设置了隔渗圈进行试验。他们所采用的隔离贴壁渗漏的方法是在蒸渗器容器底部设计一个隔渗圈(参考附图8),利用隔渗圈把贴壁渗漏与正常渗漏分开。隔渗圈用3 mm厚的钢板制成,下部嵌入混凝土底板,上部穿过滤层并伸入土层10 cm。隔渗圈内外控制的面积相等,各占容器底面积的1/2。隔渗圈内外分别埋设排水管,用以分别计量圈内、圈外排渗量。圈内为正常的深层渗漏量,圈外为包含有贴壁渗漏的深层渗漏量。

试验结果显示,在灌水量相等的情况下,蒸渗器土层愈深,以表土开始灌水到容器底开始出流的间隔时间愈长;圈外、圈内开始出流的时间差愈大;圈外与圈内出水量的比值愈大。在容器内土层深度为1.5 m时,圈外出流水量与圈内出流水量的比值为2.03~2.38;2 m时,比值为2.43~2.74;2.5 m时,比值为3.14~3.53。

图6-6是蒸渗器的一次灌水后,隔渗圈内、圈外土壤渗漏水的出流过程线。

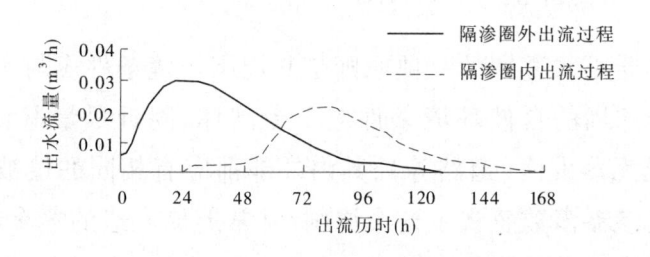

图6-6 蒸渗器渗漏水出流过程线

三、对蒸渗器贴壁渗漏的对策

1.设置截渗环

为了尽可能减少蒸渗器的贴壁渗漏,防止蒸渗器内土壤水分分布不均和干扰正常的深层渗漏,可以在容器壁上设置1~2圈截渗环,以阻止和减少贴壁渗漏。

2.安装隔渗圈

对于需要准确测量蒸渗器内土壤深层渗漏量的,可在蒸渗容器底层安装隔渗圈,以隔渗圈内测得的数值计算深层渗漏量。

3.使用滴灌方法

对于旱作物试验,采取控制蒸渗器内灌水流量的方法,使灌水流量最大不得超过容器内土壤的渗吸流量,使容器内土壤面不产生积水。可采用滴灌的办法(见图6-7)即可有效地避免和减少贴壁渗漏,又可使蒸渗器内土壤水分分布均匀。

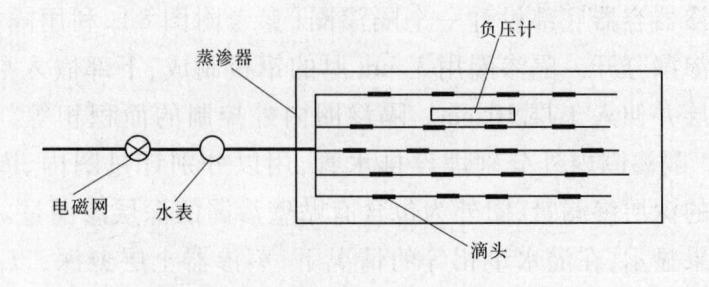

图6-7 用负压计监测蒸渗器中土壤水分的滴灌系统

第四节 障碍物及廊道顶面对蒸渗器环境的影响及对策

一、蒸渗器设计的一项原则

设计蒸渗器必须遵守的一项原则是其周围环境条件应与实际的天然条件一致。蒸渗器四周的自然环境条件应不受破坏,附近尽量避免障碍物(建筑物、树木等)或无蒸发面(道路等),其内外部都应有相同的植被覆盖。而我国以往设计的蒸渗器多数忽视了这个原则,常常形成人造的蒸渗器环境,与四周的田间自然环境发生差异。

二、地面障碍物影响

以往的一些蒸渗器,往往在其附近地面存在干扰气流运动的障碍物,如设计在地面上的蒸渗器附属建筑物,各种型式的露出地面的观测室(见附图3),为方便向蒸渗器供水而建在近旁或观测室顶的蓄水箱,包围蒸渗器的围墙等。

这些在地面上耸立的建筑物形成的障碍,不仅影响了气流的正常运动,而且这些或是砖石或是混凝土结构的建筑物,导热率远远超出作物植被条件下的土壤导热率。由于这些靠近蒸渗器的建筑物吸收了大量的太阳辐射热,对蒸渗器的环境产生热效应,严重破坏了蒸渗器附近范围内的田间自然环境。

三、弱蒸发面影响

有些蒸渗器,四周缺少缓冲区,蒸渗器内种植作物后,裸露的空地太多(见附图1),形成与田间植被条件下不同的蒸发面;还有些蒸渗器的设计仅从便于测定地下渗漏量考虑,在两排蒸渗器中间建一个顶上不能种植作物的地下廊道,形成一块面积达 20 多 m^2 的空地。这些与田间植被完全不同的裸露的空地,形成一些弱蒸发面,从这里进入蒸渗器的空气比田间的空气更热、更干燥,在迎风边界处产生附加的潜热损失(蒸发)。这种潜热损失还会延伸一定的距离,这就加大了蒸渗器内作物的腾发量。

四、障碍物和弱蒸发面影响的对策

正确使用蒸渗器的重要方法是让蒸渗器周围的环境保持均匀一致。因此,在设计、改进及使用蒸渗器时,应避免出现以上干扰气流运动的障碍物和弱蒸发面的情况,对策如下:

(1)把蒸渗器的各种附属设施尽可能地放入地下或远离蒸渗器,如设计建造放入地下的观测系统,用于蒸渗器灌溉用途的蓄水箱建在不影响蒸渗器自然环境和气流运动的地方(见附图 10),用管道引入蒸渗器。

值得注意的是,无法放入地下的蒸渗器附属建筑物,必须满足灌溉试验规范上对距离的要求,与蒸渗器的距离必须大于该物体高度的 5 倍,且应避开主风向的位置。

(2)改进地下廊道的结构布置设计。结合观测井布置地下廊道,使廊道顶上有足够的回填土层深度,以种植与蒸渗器内相同的作物,并满足规范要求,周围种植作物的宽度大于 20 m。作者研制的改进型蒸渗器,将原来 28.6 m^2(13 m×2.2 m)弱蒸发面的廊道顶缩小至 2.4 m^2,并且将露出地表的观测井表面刷上白色油漆(见附图 7),以反射太阳辐射热,将弱蒸发面的影响降到很微小的程度。

第五节　地面观测方法对蒸渗器环境的影响及对策

一、蒸渗器地面观测方法存在的缺陷

以往的排水式蒸渗器在测定水稻需水量时,一般采用在容器内安置基座,用水位测针观测水位的方法。为了接近蒸渗器,需要在蒸渗器近旁铺筑工作便桥。这种观测方式带来以下问题:

(1)形成工作通道:工作桥的存在占据了空间;观测员每天行走使得蒸渗器近旁形成了一条工作通道,加大了原有的空间。这个较大的空间,引起蒸渗

器周围的光照、通风等自然条件的改变。

（2）观测造成作物损伤或形成空白地带：每天观测水位时，为了看清测针针尖与水面的接触点和读数，需要将测针基座附近的几株水稻拨开才能透进光线测准水位。日积月累的拨弄使水稻的茎叶受到损伤，抽穗后甚至造成稻穗折断，再加上灌溉排水作业所占据的空间，形成一个无作物空白地带，使该处作物的蒸腾蒸发、光照等与大田不一致。

（3）夏秋季早晨，水稻茎叶上常冒出一层露珠；而在降雨时水稻茎叶上则沾满雨滴，此时观测，拨动或碰撞稻株，使得露珠或雨滴掉入蒸渗器内或被观测员的衣裤吸收，既破坏了水稻的田间自然状态，又影响到水稻腾发量的准确性。

（4）在野外观测水位操作不便，不仅观测员衣裤常被雨水、露水打湿，且俯首观测很容易被水稻叶尖触伤眼睛。遇上刮风下雨天气，蒸渗器内水位波动，观测数值不易读准。

二、蒸渗器水位观测方法的改进

针对上述观测方法存在的弊端，我们改进了常规的观测操作方法，将蒸渗器常用的地面观测操作方法改为地下观测、操作。

（1）对蒸渗器布置形式进行改进，将蒸渗器的灌溉排水管道及控制系统布置在地下廊道内，通过地下廊道内的设施控制两侧蒸渗器内的灌溉和排水。

（2）将蒸渗器的水位观测系统布置在与地下廊道贯通的观测井内，在井内没有水位箱，用连通管与蒸渗器接通，每天观测时，通过地下廊道进入观测井，用 ZHD 型电测针观测与各个蒸渗器连通的水位箱内的水位。

（3）在地下廊道顶上回填 60 cm 厚的土壤（包括滤层），种上与蒸渗器和周围大田同样的作物，保持蒸渗器内和四周的作物及小气候均与大田一致。

（4）采用相同的施肥、耕作、田间管理等农业技术措施，采用相同的灌溉处理，使得蒸渗器内的水稻长势尽可能与周围大田一致。

改进后的蒸渗器水位观测操作方法，实现了在整个水稻生长期观测人员每天地下观测操作，不仅解决了以往在地面观测操作时存在的几个主要问题，更重要的是，解决了工作人员频繁接近蒸渗器这个难题，排除了人为因素对作物生长环境的干扰，使作物整个生长期都能够在代表田间的自然环境中生长；确保了所测作物需水量资料的代表性、准确性。

第六节 扰动土对蒸渗器土壤的影响及对策

一、扰动土对蒸渗器土壤的影响

在蒸渗器中装入未经扰动的整土块(即整土块蒸渗器),其施工费用很高,如美国科罗拉多(Colorad)蒸渗器,将 25 t 重的整土块装在一个钢制的桶里,控制负压排水设备与底盘连接,其造价高达 5.1 万美元。从降低造价和便于施工来考虑,则选用回填土的蒸渗器更有利。对于回填土的蒸渗器,只要回填合适,扰动后的土不过分地影响作物正常生长,就可以测出较可靠的作物需水量。

但应注意,土壤扰动后(特别是深层土),其原状土的结构、透气性、持水性都会有变化,因而引起在土壤水压力、土壤水分运动以及热量传递的变化。疏松的土壤会促进作物的生长。

二、回填扰动土的正确方法

对装入蒸渗器内土壤的开挖回填方法不当,会造成土壤原状土结构层次破坏,影响作物正常生长。因此,在蒸渗器内回填重新组成的土壤剖面(或土壤层次)和土壤容重要尽量与实际土壤接近,尽可能使回填土与原状土的机械、物理、化学性状一致。

我们所采用的方法是,开挖时按层开挖,分开摆放,每层土层深度 35 cm。建好蒸渗器后,先填入滤料,然后按原来层次填土,每次填土厚约 45 cm,再灌水浸泡,使松散土层沉实,达到与原来开挖层次深度平齐时,从容器底部排水,接着填下一层土。填土完成两个月后,容器内的土壤容重就与原状土的容重基本一样。

三、蒸渗器回填土物理性质测定

在蒸渗器使用近 3 年时取样耕作层土壤进行测定,结果表明,蒸渗器内回填的扰动土与大田原状土的容重等物理性质仍很接近(见表 6 – 5)。

表 6-5 原状土与扰动土物理性质测定

土壤情况	取样处	封容重 (g/cm²)				土壤比重				土壤总孔隙度 (%)			
		1	2	3	均值	1	2	3	均值	1	2	3	均值
原状土	大田	1.27	1.19	1.29	1.25	2.605	2.599	2.615	2.606	51.25	54.21	50.67	52.04
扰动土	改进型蒸渗器	1.35	1.28	1.23	1.29	2.636	2.574	2.581	2.597	48.79	50.27	52.34	50.14
	老式蒸渗器	1.43	1.72	1.56	1.57	2.581	2.585	2.581	2.582	44.60	33.46	39.56	39.21

注：1995年春插前取土样测定。

· 52 ·

第七章 结论、改进意见及展望

第一节 结 论

本项研究针对我国目前广泛使用的排水式蒸渗器所存在的影响观测资料代表性、准确性的主要缺陷,进行改进研究。运用水量平衡原理,依据《灌溉试验规范》(SL 13—90)技术标准,借鉴吸收国内外已建蒸渗器的先进经验,采用新的结构整体布置设计方式,合理选择建材,使用先进的施工工艺技术,建成一组(12 个)改进型蒸渗器,并经过 4 年以上的田间对比试验检验,初步得出以下结论:

(1)一些蒸渗器附近存在障碍物,既影响气流正常运动又产生热效应,破坏了蒸渗器周围的自然环境。改进的办法是把各种附属设施尽可能放入地下或远离蒸渗器。

(2)对于很浅的地下廊道,廊道顶部在蒸渗器附近形成弱蒸发面,加大了蒸渗器内作物的腾发量,改进方法是在廊道顶填土种同种作物。

(3)混凝土厚壁接受的太阳辐射热多于土壤表面,引起蒸渗器附近土温升高。采用钢板薄壁并刷上白色油漆,可大幅度降低容器壁对土壤热状况的影响。

(4)地面观测方法形成工作通道,造成作物损伤。引起蒸渗器周围光照、通风、植被等自然条件改变,采用地下观测方法,可保持蒸渗器周围环境与田间一致。

(5)为延长蒸渗器使用寿命,对其防渗、防腐应有较高的质量要求。采用金属喷镀防腐、环氧材料防渗等先进施工工艺技术对延长蒸渗器使用寿命效果显著。

(6)为减少扰动土对蒸渗器土壤结构及产量的影响,应采用分层开挖、分开摆放,按原状土层次结构回填,并采用灌水沉实的方法。这样可满足蒸渗器测定作物需水量的要求。

(7)从田间对比试验资料分析,改进型蒸渗器的水稻平均产量十分接近大田,ET 值有较高的测量精度,土壤容重等物理性质与大田原状土接近,对蒸渗器的各项改进措施所测资料的代表性、准确性有较大提高。

第二节　我国作物需水量测定方法与设备的改进意见

从我国作物需水量测定方法与设备发展现状分析,今后一段时期内,排水式蒸渗器仍然是我国测定作物需水量的主要设备之一。但是许多这类蒸渗器的设计、使用、管理都达不到《灌溉试验规范》规定的应有技术标准,亟待改进。

根据本项研究成果,提出我国作物需水量测定方法与设备三个方面的改进意见,为有关研究部门和科技工作者设计、改进、应用蒸渗器提供科学依据。

一、关于蒸渗器的设计

建议从以下 5 个方面改进。

(一)蒸渗器的整体布置设计

为避免地面建筑物阻碍气流正常运动和产生热效应,设计时应尽可能把蒸渗器的附属设施放入地下或远离蒸渗器。可将水位观测、灌排水操作系统布置在地下廊道及与之贯通的观测井内(见附图 16),蓄水箱可建立在远处,用管道将水源引入地下廊道内向两侧蒸渗器供水。

(二)地下廊道的改进

为避免弱蒸发面加大蒸渗器内作物腾发量,应将廊道设在土壤深处,使其顶上有足够的回填土层深度种植作物(见附图 7),保持蒸渗器及四周植被相同。

(三)容器壁材料及壁顶形状的改进

为减小容器壁对土壤热状况的影响,应将器壁上部的混凝土厚壁改为钢板薄壁,且刷上白漆(见附图 22)。壁顶形状设计成与垂直面成 45°的刃口状。

(四)增加负压排水设施

为防止水分在蒸渗器底部滞留,被作物根系吸收使所测得作物需水量值偏大,应在容器底部设置负压排水系统或加大容器内土层深度,使滞留的水分不能通过毛管上升到根系最大活动层内。

(五)采取消除贴壁渗漏影响的措施

贴壁渗漏不同于田间渗漏,其水的渗漏速度快、渗漏量大,可采用设置截渗环、安装隔渗圈(见附图 8)或用滴灌使其灌水均匀不发生积水等方法消除此贴壁渗漏的不利影响。

二、关于蒸渗器施工技术的改进

蒸渗器长期受到水的浸泡、高温冰冻等自然风化作用影响,以及农田施用的化肥、农药、除草剂等化学品的侵蚀,对防渗、防腐、防结构变形等都有很高的质量要求,需改进常规的施工方法,采用先进的施工工艺技术。

建议从 4 个方面进行改进。

(一)防渗施工技术

对混凝土表面采用防水砂浆粉刷,对特殊部位(容器壁两种材料连接处)采用高强度的环氧树脂材料防渗(见附图 9),结构上采用整体设计穿过容器壁的预埋管道加焊止水钢环,钢结构的加工采用双面焊缝。

(二)防腐施工技术

钢结构防腐采用金属喷镀工艺技术和环氧材料防护技术。

(三)控制结构变形技术

对钢板薄壁采取焊角钢加肋和焊钢筋支撑加固的施工措施(见附图 19)。

(四)回填扰动土施工技术

为防止装入蒸渗器内的土壤,因开挖回填不当,使原状土结构层次破坏而影响作物正常生长,应采用分层开挖(每层土深 35 cm 为宜),分开摆放,按原状土层次结构回填,灌水沉实的方法施工。

三、关于蒸渗器观测方法的改进

我国常用的地面观测方法,因工作人员频繁接近蒸渗器,形成工作通道和观测缺口,破坏了蒸渗器附近的植被,并造成作物损伤,引起周围光照、通风、植被等自然条件的改变,需要改进,主要有两个方面:

(1)对蒸渗器的水位观测,灌排水操作系统改进,将这些系统布置在地下廊道及与之贯通的观测井内(见附图 16)。

(2)对蒸渗器观测操作方法进行改进,采用地下观测操作方法(见附图 12)。

第三节 展 望

作为重要基础资料的作物需水量广泛应用于许多领域。世界各国都在长期持续地测定作物需水量,并在不断改进观测设备与方法。对于我国不断地研究和改进落后的作物需水量测定方法与设备,研制准确、可靠、高效的测定作物需水量方法与设备,使之达到《灌溉试验规范》及有关技术标准,也将是一项长期的、艰巨的科研任务。

改进的重点是提高其所测成果资料的代表性、可靠性。

各种精密的(包括机械、液压、电子)称重式蒸渗器由于精度高、快捷,在世界各国得到广泛应用,而我国在这方面由于受到经费限制等因素制约,很少研究应用,今后应逐步开展这方面的研究。在观测方法上,我国多数采用人工的方法,效率低,人为因素影响大,则应研究先进科学的观测方法,如研究自动观测、遥测和电子计算机技术用于观测数据处理等。在测定功能上,应研究能同时测定气象、土壤水分及植物生理指标综合性测定功能的方法与设备,缩小我国与先进国家的差距,使我国作物需水量测定方法与设备的研究应用进入世界先进水平之列。

第八章　改进型蒸渗器在灌溉 试验研究中的应用

在改进型蒸渗器 1992 年建成以后,为验证蒸渗器应用于灌溉试验研究的科学性,赣抚平原灌溉试验站从 1992 年开始在新建蒸渗器开展了 4 年的水稻灌溉试验新老测坑(蒸渗器)对比试验研究。从对比试验研究数据来看,充分说明了改进型测坑(蒸渗器)应用于灌溉试验研究的科学合理性。之后,赣抚平原灌溉试验站利用改进型蒸渗器开展了一系列灌溉试验研究工作,取得了一系列科研成果,为江西节水灌溉研究作出了积极的贡献。

江西省赣抚平原灌溉试验站灌溉试验场位于江西省赣抚平原灌区内,坐落在南昌县向塘镇山背村(东经 115°58′,北纬 28°26′),海拔 22.58 m,为平原地区,属亚热带季风气候,多年平均气温 17.7 ℃,降雨量 1 685.2 mm、蒸发量(E601 型)943 mm,日照时数 1 575.5 h。试验场土壤为粉质性黏土,其基本特性参数为 pH 值 6.87,有机质 3.38%,全氮 0.244 g/kg,有效磷为 76.8 mg/kg,速效钾 45.0 mg/kg。

第一节　改进型蒸渗器应用于水稻需水量研究成果分析

一、水稻需水量试验的基本情况

水稻需水量是指在水稻移栽后的本田期,维持其生长时作物棵间蒸发与作物蒸腾及田间渗漏所需水量之和。

水稻需水量试验研究采用坑田结合的方法,就是在大田试验小区直接观测出水稻耗水量(腾发量与渗漏量之和)。在改进型有底测坑中测出水稻腾发量。

(一)试验处理

自 1992 年改进型蒸渗器建好后,江西省赣抚平原灌溉试验站就在改进型蒸渗器中进行水稻间歇灌溉与浅水灌溉两种灌溉方式作物需水量对比试验研究,每个处理设置 3 个重复,共 6 个蒸渗器。

间歇灌溉与浅水灌溉的灌溉标准见表 8 - 1。

表 8 - 1 　　间歇灌溉与浅水灌溉的灌溉标准 　　（单位:mm）

灌溉方式	返青期	分蘖前期	分蘖后期	孕穗期	抽穗开花期	乳熟期	黄熟期
间歇灌溉	10 ~ 20 ~ 30	0 ~ 20 ~ 30 干 1 天	0 ~ 20 ~ 30 晒田	0 ~ 20 ~ 40 干 2 天	0 ~ 20 ~ 40 干 1 天	0 ~ 20 ~ 40 干 2 天	0 ~ 20 ~ 30 干 3 天
浅水灌溉	10 ~ 30 ~ 40	10 ~ 30 ~ 50	10 ~ 30 ~ 50 晒田	10 ~ 30 ~ 50	10 ~ 30 ~ 50	10 ~ 30 ~ 50	10 ~ 30 ~ 50 后期落干

注:表中数字表示水层深度,前一位数表示水层下限,中间数表示灌水上限,后一位数表示降雨时蓄水上限,干 1
　　天、干 2 天、干 3 天分别表示落干 1 天、2 天、3 天。

（二）观测次数与观测时间

观测人员每日 8 时定时进行一次田间水位观测,如遇降雨、灌排水时,还须加测。

二、水稻需水规律分析

（一）水稻需水量

水稻本田期的腾发量与土壤渗漏量之和称为水稻耗水量,即为水稻需水量。据江西省赣抚平原灌溉试验站多年(1993 ~ 2003 年)观测统计,水稻从移栽到收割的时间:早稻移栽日在 4 月 20 日至 5 月 4 日间,收割日在 7 月 10 日至 7 月 25 日间,多年平均生育期为 82.4 d;晚稻移栽日在 7 月 18 日至 7 月 30 日间,收割日在 10 月 10 日至 10 月 31 日间,多年平均生育期为 92.0 d。

经过统计计算(见表 8 - 2),间歇灌溉的多年水稻需水量,早稻为 412.1 ~ 542.5 mm,多年平均需水量为 495.3 mm,多年日平均需水量为 6.01 mm;晚稻为 522.0 ~ 681.8 mm,多年平均需水量为 602.0 mm,多年日平均需水量为 6.54 mm。浅水灌溉多年的水稻需水量,早稻为 426.5 ~ 561.4 mm,多年平均需水量为 516.4 mm,多年日平均需水量为 6.27 mm;晚稻为 537.3 ~ 705.3 mm,多年平均需水量为 626.2 mm,多年日平均需水量为 6.81 mm。

（二）水稻的腾发量

水稻植株的蒸腾量与水稻棵间水分的蒸发量之和称为水稻腾发量。

表 8-2　水稻各生育期多年平均需水量统计　（单位:mm）

稻别	处理	项目	返青期	分蘖期	孕穗期	开花期	灌浆期	全期
早稻	间歇灌溉	总量	40.1	166.1	101.5	60.0	127.7	495.3
		日平均	4.91	5.74	6.51	6.71	6.19	6.01
	浅水灌溉	总量	40.8	172.7	108.0	60.9	133.9	516.4
		日平均	4.98	5.97	6.92	6.81	6.49	6.27
晚稻	间歇灌溉	总量	50.3	199.1	135.2	82.8	137.1	602.0
		日平均	7.06	7.39	7.31	7.33	4.87	6.54
	浅水灌溉	总量	50.4	207.3	142.8	83.4	144.6	626.2
		日平均	7.08	7.69	7.72	7.39	5.13	6.81

经过统计计算(见表 8-3),早稻多年(1993~2003 年)的腾发量为 271.8~411.3,晚稻多年的腾发量为 329.0~519.1,其中间歇灌溉处理的水稻腾发量多年平均为早稻 333.7 mm,日平均为 4.05 mm;晚稻为 424.6 mm,日平均为 4.61 mm。浅水灌溉处理的水稻腾发量多年平均为早稻 345.0 mm,日平均为 4.19 mm;晚稻为 438.0 mm,日平均为 4.76 mm。以此分析,不同的灌溉处理,间歇灌溉比较浅水灌溉可以减少水稻的腾发量。其中,早稻减少 11.3 mm,晚稻减少 13.4 mm,减幅百分比分别为 4.0% 和 3.1% 。

表 8-3　水稻各生育期多年平均腾发量统计　（单位:mm）

稻别	处理	项目	返青期	分蘖期	孕穗期	开花期	灌浆期	全期
早稻	间歇灌溉	总量	23.2	108.8	69.4	39.9	92.3	333.7
		日平均	2.84	3.76	4.45	4.47	4.47	4.05
	浅水灌溉	总量	23.3	112.6	72.9	40.2	96.1	345.0
		日平均	2.85	3.89	4.67	4.50	4.66	4.19
晚稻	间歇灌溉	总量	34.0	143.2	98.0	56.0	93.1	424.6
		日平均	4.78	5.32	5.30	4.96	3.30	4.61
	浅水灌溉	总量	34.6	147.4	102.4	56.3	97.3	438.0
		日平均	4.86	5.47	5.53	4.99	3.45	4.76

(三)稻田渗漏量

水稻的渗漏量是指稻田在淹水条件下,田间水分通过犁底层下渗的底层渗透量。它是稻田耗水量的重要组成部分。水稻渗漏量的大小,与稻田的土壤质地、土壤结构、地下水水位、田面水层深浅等因素有着密切关系。

江西省赣抚平原灌区灌溉试验站的试验区田间土壤为粉质黏土,耕作层深约为 20 cm,地下水位大约在 10 m 深。经统计计算(见表 8-4),在水稻本田期的多年平均土壤渗漏量分别是:间歇灌溉早稻为 161.6 mm,日平均为1.96 mm;晚稻为 177.5 mm,日平均为 1.93 mm。浅水灌溉早稻为 171.4 mm,日平均为 2.08 mm;晚稻 188.2 mm,日平均 2.05 mm。

表 8-4 水稻各生育期多年平均渗漏量统计　　　　　(单位:mm)

稻别	处理	项目	返青期	分蘖期	孕穗期	开花期	灌浆期	全期
早稻	间歇灌溉	总量	16.9	57.3	32.0	20.1	34.8	161.6
		日平均	2.06	1.98	2.05	2.25	1.69	1.96
	浅水灌溉	总量	17.4	60.1	35.1	20.6	37.4	171.4
		日平均	2.13	2.08	2.25	2.31	1.81	2.08
晚稻	间歇灌溉	总量	16.2	55.8	37.2	26.8	43.8	177.5
		日平均	2.28	2.07	2.01	2.37	1.56	1.93
	浅水灌溉	总量	15.8	59.9	40.4	27.1	47.3	188.2
		日平均	2.22	2.23	2.19	2.40	1.68	2.05

与水稻腾发量一样,从表 8-3 的统计计算中可以看出,不同的灌溉制度中,间歇灌溉处理可以减少水稻的土壤渗漏量。

三、水稻的需水系数 α 值和 K_c 值

(一)水稻需水系数 α 值

水稻的腾发量与稻田周边的气象因素有着密切联系,尤其与其中的水面蒸发关系最为密切。由水稻腾发量 ET_c 与同期水面蒸发量(E601)E_0 的比值称之为水稻需水系数 α 值,即

$$\alpha = \frac{ET_c}{E_0}$$

经过统计计算,早稻间歇灌溉的多年(1993～2003年)平均需水系数 α 值为1.36,浅水灌溉为1.40;晚稻间歇灌溉的多年平均需水系数 α 值为1.33,浅水灌溉为1.37。从表8－5中可以看出,早晚稻系数 α 值的最大值分别出现在其植株生长旺盛期的6月和9月。

表8－5 水稻各月需水系数 α 值、K_c 值统计

稻别		早 稻					晚 稻				
月份		4月	5月	6月	7月	全生育期	7月	8月	9月	10月	全生育期
间歇灌溉 ET_c (mm/d)		3.07	3.45	4.55	4.44	4.05	4.61	5.29	5.04	3.10	4.62
浅水灌溉 ET_c (mm/d)		3.07	3.56	4.73	4.59	4.19	4.69	5.45	5.23	3.18	4.76
蒸发量 E_0 (mm/d)		2.48	2.71	2.90	3.64	2.99	4.08	4.26	3.36	2.46	3.47
参考作物 ET_0 (mm/d)		3.05	3.42	3.18	4.06	3.41	4.19	3.84	3.50	2.33	3.32
需水系数 α 值	间歇	1.24	1.28	1.57	1.22	1.36	1.13	1.24	1.50	1.26	1.33
	浅水	1.24	1.31	1.63	1.26	1.40	1.15	1.28	1.56	1.29	1.37
需水系数 K_c 值	间歇	1.01	1.01	1.43	1.10	1.19	1.10	1.38	1.44	1.33	1.39
	浅水	1.01	1.04	1.49	1.13	1.23	1.12	1.42	1.50	1.37	1.43

(二)水稻需水系数 K_c 值

作物需水系数 K_c 值是计算作物需水量的重要参数,其计算公式表示为实测作物腾发量 ET_c 与同一时期的参考作物腾发量 ET_0 的比率,即

$$K_c = \frac{ET_c}{ET_0}$$

其中,参考作物腾发量 ET_0 是利用江西省赣抚平原灌溉试验站所测气象资料通过 Penman－Montieth 公式计算求得的,即

$$ET_0 = \frac{0.408\Delta(R_n - G) + \gamma\dfrac{900}{T+273}u_2(e_a - e_d)}{\Delta + \gamma(1 + 0.34U_2)}$$

其详情参见水利部《灌溉试验规范》。

经过统计计算,江西省赣抚平原灌溉试验站早稻多年(1993～2003年)平均需水系数 K_c 值间歇灌溉为1.19,浅水灌溉为1.23;晚稻间歇灌溉为1.39,浅水灌溉为1.43。同需水系数 α 值一样,早晚稻需水系数 K_c 值最大值同样出现在水稻生长旺盛期的6月与9月。

四、水稻需水量与产量关系

每生产 1 kg 稻谷所消耗的水量称为水稻需水系数 K 值,它是需水量与经济产量的一个比值,需水系数的大小直接反映出灌溉水效率的高低。

$$K = \frac{ET_c}{10^{-3}Y}$$

统计计算表明(见表 8 - 6),间歇灌溉多年(1993～2003 年)平均需水系数 K 值早稻为 817.1,晚稻为 951.3;浅水灌溉多年平均需水系数 K 值早稻为 916.4,晚稻为 1 029.1。这就说明,每生产 1 kg 稻谷,间歇灌溉比浅水灌溉节省用水早稻为 99.3 kg,晚稻为 77.8 kg。

表 8 - 6　水稻需水量与产量统计

稻别	处理	平均产量(kg)	最高产量(kg)	最低产量(kg)	耗水量(m³)	需水系数
早稻	间歇灌溉	404.1	492.7	323.9	330.2	817.1
	浅水灌溉	375.7	445.0	271.1	344.3	916.4
晚稻	间歇灌溉	422.0	480.0	288.4	401.4	951.3
	浅水灌溉	405.7	462.8	301.6	417.5	1 029.1

第二节　改进型蒸渗器应用于棉花需水量研究成果分析

本项研究采用改进型蒸渗器对江西中、低两种种植密度棉花的需水量进行研究。研究结果表明:低密度棉花需水量 724.4 mm,中密度棉花需水量 750.2 mm,需水量随种植密度的提高而增加。低密度皮棉产量为 1 143.6 kg/hm²,需水系数为 6 334.4,中密度皮棉产量为 1 134.6 kg/hm²,需水系数为 6 613.4,表现为随着棉花产量的提高,需水系数反而下降。研究还发现冬季变暖的年份使棉花生育期较正常年份延长,需水量增大。

作物需水量研究成果广泛应用于许多领域,是水资源开发与管理、农田水利基本建设、流域规划及领导部门决策和发展节水农业的最基本依据之一。棉花是江西主要经济作物,以往对棉花需水量缺乏研究,给水利规划设计部门和农业生产部门带来不便。棉花是一种需水量较多的作物,且种植面积大,研究其需水规律,对实行棉花科学用水和推广先进的节水灌溉技术均有重要的指导作用。

一、试验材料和方法

（一）试验时间、地点

本项研究于 1996 年在赣抚平原试验站灌溉试验场内进行。试验设施为新型排水式蒸渗器（见图 8 - 1）。蒸渗器四周均设有保护行,同时种植棉花。

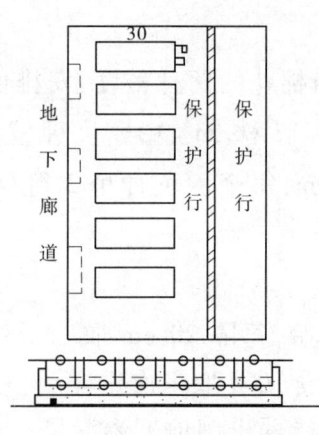

图 8 - 1 新型排水式蒸渗器

（二）灌溉水源及水量计算

水源引用赣抚平原灌区西总干渠水,用镀锌钢管引入地下廊道向蒸渗器供水。由水表和闸阀控制灌水量,灌、排水量分别用水表和量水箱计算。

（三）棉花需水量的测定方法及计算方程式

本项研究利用测定蒸渗器中棉花土壤含水量的变化来测算棉花需水量,其需水量用下式计算:

$$ET_{1-2} = 10 \sum_{i=1}^{n} r_i H_i (W_{i1} - W_{i2}) + M + P + K - C$$

式中　ET_{1-2}——阶段需水量,mm;

　　　i——土壤层次号数;

　　　n——土壤层次总数目;

　　　r_i——第 i 层土壤干容重,g/cm³;

　　　H_i——第 i 层土壤的厚度,cm;

　　　W_{i1}——第 i 层土壤在时段始的含水率(干土重的百分率);

　　　W_{i2}——第 i 层土壤在时段末的含水率(干土重的百分率);

　　　M——时段内的灌水量,mm;

P——时段内的降雨量,mm;

K——时段内的地下水补给量,mm,有底蒸器 $K=0$;

C——时段内排水量(地下排水与下层排水之和),mm。

二、处理设计及主要测定项目

(一)处理设计

依据江西省大面积种植棉花的两种密度,安排低密度和中密度两个处理,设 3 次重复。低密度种植 4.17 株/m²,中密度种植 7.14 株/m²。采用宽窄行种植,宽行 80 cm,窄行 40 cm,每个测坑种植 3 行(1 宽 2 窄)。株距:低密度为 40 cm,中密度为 23.3 cm。

(二)主要测定项目

(1)从土壤深 10 cm 开始,每隔 20 cm 取一土样至 70 cm,用烘干法来测定蒸渗器内土壤含水量,每隔 10 d 取一次土样。

(2)每天上午 8 时排蒸渗器土壤地下渗漏量一次,用量水箱计算。

(3)各生育阶段对棉花株高、干物质重、叶面积、现蕾、开花、落铃、结桃等项目进行调查测定。

(4)采摘棉花,按各蒸渗器单收单晒验产。

三、主要农技措施

(一)供试品种

选用江西省大面积推广的优良品种"泗棉 3 号"原种。

(二)育苗方式

采用营养钵育苗,4 月 18 日播种,4 月 26 日出苗,5 月 19 日移栽。

(三)田间管理

施肥、防治病虫、田间管理等与大田基本相同。

四、试验结果与分析

(一)棉花需水量分析

棉花需水量主要包括叶面蒸腾和棵间蒸发。低密度棉花全生育期需水量 724.4 mm,中密度棉花全生育期需水量 750.2 mm,表现出需水量随种植密度加大而增加的趋势。主要是由于棉花随着种植密度的提高,叶面积系数增大(见表 8-7),使叶面蒸腾增加,从而加大棉花需水量。

表 8 - 7　棉花叶面积系数与需水量

处理	中密度				低密度			
	06 - 30	07 - 15	07 - 30	08 - 15	06 - 30	07 - 15	07 - 30	08 - 15
叶面积(cm^2)	0.21	0.29	0.42	0.54	0.17	0.41	0.48	0.67
叶面积系数	1.499	2.071	2.999	3.856	0.709	1.71	2.002	2.794
需水量(mm)	750.3				724.4			

（二）棉花各生育阶段需水量分析

棉花以移栽至收获结束,本田生育期 231 d,各生育阶段总需水量为 724.4 ~ 750.3 mm(7 244 ~ 7 503 m^3/hm^2),平均每日需水量 3.14 ~ 3.25 mm(31.4 ~ 32.5 m^3/hm^2)(见表 8 - 8)。从模系数——各生育阶段需水量占全生育期的百分率分析,苗期因苗小和生长缓慢,其模系数最小,为 6.3% ~ 6.5%。现蕾期由于生殖生长和营养生长并进,生长逐渐旺盛,植株增大,模系数随之增大,为 22.1% ~ 25.5%。花铃期为棉花生殖生长和营养生长的高峰时期,模系数进一步增大,达到 29.4% ~ 35.1%。吐絮期棉花逐渐进入衰老阶段,需水量逐渐减少,但因该生育阶段时间延长,达 136 d,占全生育期的 58.9%,使得其模系数最大,达 36.6% ~ 38.5%。

表 8 - 8　棉花各生育阶段需水量统计

处理	中密度					低密度				
	苗期	蕾期	花铃期	吐絮期	全生育期	苗期	蕾期	花铃期	吐絮期	全生育期
需水量(mm)	48.7	191.6	220.8	289.2	750.3	45.5	159.8	254.0	265.1	724.4
日需水量(mm)	2.87	6.39	4.6	2.13	3.25	2.68	5.33	5.29	1.95	3.14
模系数(%)	6.5	25.5	29.4	38.5	100	6.3	22.1	35.1	36.6	100

（三）棉花需水系数分析

棉花需水系数可用下式表达:

$$K = \frac{ET_c}{Y}$$

式中　K——需水系数;

　　　ET_c——需水量,kg/hm^2;

　　　Y——产量,kg/hm^2。

棉花需水系数是指生产 1 kg 皮棉所需水量（见表 8-9）。

表 8-9　棉花需水系数

处理	需水量 （m³/hm²）	皮棉干重 （kg/hm²）	皮棉需水系数
中密度	7 503	1 134.45	6 613.4
低密度	7 244	1 143.6	6 334.4

据初步测定，低密度棉花皮棉产量为 1 143.6 kg/hm²，需水系数为 6 334.4；中密度棉花皮棉产量为 1 134.45 kg/hm²，需水系数为 6 613.4，表现为随着棉花产量的提高，需水系数下降。

五、小结

（1）同一品种棉花随种植密度加大，叶面积系数增大，其叶面蒸腾加大，使得棉花需水量亦增加，中密度种植比低密度种植的棉花需水量增加 25.89 mm。

（2）棉花全生育需水量为 750.33 mm（750 m³/hm²），平均每日需水量 3.25 mm（32.5 m³/hm²）。各生育阶段需水模系数以苗期、现蕾期较小，占棉花需水量的 30%，花铃期、吐絮期较大，占棉花总需水量的 70%。

（3）在皮棉产量 1 134.45 kg/hm² 条件下需水系数为 6 613.4，皮棉产量 1 143.6 kg/hm² 时，需水系数为 6 334.4，后者比前者下降 4.22%，表现出需水系数随皮棉产量提高而下降。

（4）本年度棉花生产期较正常年份延长一个多月时间，这种由于冬季变暖，既有利于棉花增产又使棉花需水量增大。至于冬季气候变暖对棉花增产和需水量增大的影响关系有待于进一步深入的研究。

（5）采用烘干法测定土壤含水率，由于频繁钻孔取样，往往造成四周棉花根系受损，土壤结构遭到破坏，对植株生育有一定影响。因此，需要改进测定方法，以避免人为因素对作物和土壤结构造成不良影响。

第三节 改进型蒸渗器应用于双季稻水肥耦合高效利用技术研究成果分析

一、水稻水肥耦合试验研究材料和方法

(一)供试材料

本项试验采取有底蒸渗器和试验田相结合的方法,在改进型有底蒸渗器中测定水稻腾发量,在试验田中测定总需水量。

试验田采用 6 个小区,小区面积为 200 m²(16 m×12.5 m),各小区间筑水泥田埂相隔,小区之间设有灌排沟,周围为保护区。在试验田北端有气象观测场。

本课题试验研究时间 2005~2007 年为期 3 年,分别采用当地播种的水稻品种为应试品种,其中 2005 年早稻品种为金优 974,晚稻品种为金优桂 99,2006 年早稻品种为田两优 66,晚稻品种为 926,2007 年早稻品种为赣早籼,晚稻品种为 923。

(二)试验设计

试验选择在代表性和田埂防渗性能较好的 10 区至 15 区及 12 个改进型有底蒸渗器内进行。为便于安排试验处理,将每个小区用防渗膜分成 4 块,各安排 4 个处理,每处理面积 46 m²。试验研究主要考虑 3 个因素:灌溉方式、施肥水平、施肥方式(追肥次数和时间)的交互作用及影响。

(1)灌溉处理设两个水平:$W1$——间歇灌溉;$W2$——浅水灌溉。各处理水分设计见表 8-10。

表 8-10 间歇灌溉与浅水灌溉的灌溉标准 （单位:mm）

灌溉方式	返青期	分蘖前期	分蘖后期	孕穗期	抽穗开花期	乳熟期	黄熟期
间歇灌溉	10~20~30	0~20~30 干 1 天	0~20~30 晒田	0~20~40 干 2 天	0~20~40 干 1 天	0~20~40 干 2 天	0~20~30 干 3 天
浅水灌溉	10~30~40	10~30~50	10~30~50 晒田	10~30~50	10~30~50	10~30~50	10~30~50 后期落干

注:表中数字表示水层深度,前一位数表示水层下限,中间数表示灌水上限,后一位数表示降雨时蓄水上限,干 1 天、干 2 天、干 3 天分别表示落干 1 天、2 天、3 天。

(2)施肥水平处理设三个水平:

N_0——不施氮肥(对照);

N_1——碳酸氢铵 27kg/亩、尿素 10kg/亩,相当于施氮量 9.3kg;

N_2——碳酸氢铵 40kg/亩、尿素 15kg/亩,相当于施氮量 13.8kg。

其中碳酸氢铵含氮率为 17.1%,尿素含氮率为 46.4%。同时,各处理均施钙镁磷肥 25kg/亩、氯化钾 10kg/亩。

(3)施肥方式(追肥次数)处理设四个水平:

F_0——不施氮肥(对照);

F_1——基肥(50%)+分蘖肥(50%);

F_2——基肥(50%)+分蘖肥(30%)+拔节肥(20%);

F_3——基肥(30%)+分蘖肥(30%)+拔节肥(30%)+保花肥(10%)。

其中基肥碳酸氢铵、钙镁磷肥在整田时施入;分蘖肥尿素及氯化钾肥在移栽返青后拌除草剂施入;拔节肥尿素在拔节孕穗期(插秧 40 d 左右)施入;保花肥在抽穗开花期(插秧 50~60 d)施入。

本试验水肥耦合水—氮肥处理设计见表 8－11。

表 8－11　水肥耦合水—氮肥处理设计

序号	灌溉处理	施肥水平	施肥方式	施肥总量	分期施肥量(kg/亩)			
					基肥量	分蘖肥	拔节肥	保花肥
1	W_1	N_0	F_0					
2	W_2	N_0	F_0					
3	W_1	N_1	F_1		碳铵 27	尿素 10		
4	W_2	N_1	F_1		碳铵 27	尿素 10		
5	W_1	N_1	F_2		碳铵 27	尿素 6	尿素 4	
6	W_2	N_1	F_2		碳铵 27	尿素 6	尿素 4	
7	W_1	N_2	F_1		碳铵 40	尿素 15		
8	W_2	N_2	F_1		碳铵 40	尿素 15		
9	W_1	N_2	F_2		碳铵 40	尿素 9	尿素 6	
10	W_2	N_2	F_2		碳铵 40	尿素 9	尿素 6	
11	W_1	N_2	F_3		碳铵 24	尿素 9	尿素 9	尿素 3
12	W_2	N_2	F_3		碳铵 24	尿素 9	尿素 9	尿素 3

(三)田间小区及蒸渗器布置

为消除土壤及边界差异,采用随机排列,各处理设 3 次重复,其中田间小区设 2 次重复,小区排列见图 8-2;蒸渗器设 1 次重复,蒸渗器排列见图 8-3。

7_2	十 8_2	三 5_2	区 6_2	10_2	十 9_2	四 12_2	区 11_2	2_2	十 1_2	五 4_2	区 3_2
十 1_1	2_1	区 3_1	4_1	5_1	十 6_1	一 7_1	区 8_1	9_1	十 10_1	二 11_1	区 12_1

图 8-2　试验处理田间小区排列图

6_3		12_3
5_3		11_3
4_3	地	10_3
3_3	下廊道	9_3
2_3		8_3
1_3		7_3

图 8-3　试验处理蒸渗器排列图

(四)测定项目及方法

(1)田间水分观测:小区及蒸渗器有水层时,每天用 ZHD 型电测针观测水层深度;灌、排水前后加测;无水层或晒田落干期用补水法计量,并计算每天水稻蒸发蒸腾量和渗漏量、灌水量、降雨量、排水量。

(2)水稻生长发育状况观测:定点定株观测基本苗、秧苗根系性状(长度,鲜、干重量)、分蘖数、株高、叶面积指数、干物重。每个生育期末进行观测取样调查一次。

(3)稻株含氮量测定:早、晚稻收割时取样测定植株含氮量。

(4)土壤氨态氮测定:早、晚稻栽插前和收割后各取样测定。

(5)验产:各测坑、田间小区稻谷单收单打,检测实际产量。

(6)考种:对各测坑、田间小区样品取样风干后考种。

(7)农技措施记载:详细记录本项试验有关的农事活动,包括品种、播种育秧、耕作、施肥、栽插、植保等田间管理措施、日期、方式。

二、水稻水肥耦合试验研究各项指标分析

（一）不同水肥组合对水稻生理特征指标的影响

1. 根系生长发育

1）早稻根系生长发育

通过表 8 – 12 比较分析可见，不同水肥组合早稻在分蘖后期时根系生长达到最长，在分蘖后期以后，根系缓慢衰减，但不明显。在各不同水肥组合处理中，返青期至分蘖前期，根系生长差异不明显；分蘖前期至分蘖后期，$W_1N_0F_0$ 和 $W_2N_0F_0$ 两对照稍占优势，W_1N_1 处理处中等水平，W_1N_2 和 W_2N_2 表现稍弱；从分蘖后期至孕穗期再到抽穗开花期，W_1N_1、W_1N_2 和 W_2N_2 衰减趋势缓慢，而 W_1N_1 根长较其他处理稍长。

从以上分析可知，水稻生育前期根系生长受施肥和灌溉水平影响较小，表现根系生长差异不明显；生育中期以不施氮肥生长较快，但后期根系衰减也最快；而间歇灌溉 W_1 与 N_1 施肥水平组合的根系生长表现优于其他处理，利于水稻后期营养吸收和生长。

表 8 – 12　早稻不同水肥组合各生育期根系长度　　　（单位：cm）

灌溉处理	施肥水平	施肥方式	生育时期				
			返青期	分蘖前期	分蘖后期	拔节孕穗期	抽穗开花期
W_1	N_0	F_0	5.0	15.1	22.2	21.7	20.0
	N_1	F_1	5.0	14.9	20.1	20.0	18.9
	N_1	F_2	5.0	15.0	22.1	21.8	20.9
	N_1 平均		5.0	14.9	21.1	20.9	19.9
W_1	N_2	F_1	5.0	14.9	20.6	19.4	19.9
	N_2	F_2	5.0	14.7	20.7	19.9	18.7
	N_2	F_3	5.0	14.3	19.5	18.6	18.9
	N_2 平均		5.0	14.6	20.2	19.3	19.2
W_2	N_0	F_0	5.0	15.1	22.9	20.9	20.2
	N_1	F_1	5.0	15.2	21.7	20.3	19.3
	N_1	F_2	5.0	16.1	22.6	20.9	19.4
	N_1 平均		5.0	15.7	22.1	20.6	19.4
W_2	N_2	F_1	5.0	15.5	21.8	20.5	20.5
	N_2	F_2	5.0	15.1	19.5	19.2	19.6
	N_2	F_3	5.0	14.7	20.3	18.8	18.3
	N_2 平均		5.0	15.1	20.5	19.5	19.5

2）晚稻根系生长发育

从表 8-13 比较分析可见，不同水肥组合晚稻各生育期根系生长趋势与早稻大体一致，呈现前期生长较快较长，后期缓慢衰减现象。各处理中，W_1N_1 在后期根系较长，而 W_1N_2 和 W_2N_2 衰减较快，处于最低水平。分析原因是前期以肥促根，根多吸肥量大，造成后期稻田肥量相对较少，限制了根的生长，加速了根的衰减。

表 8-13　晚稻不同水肥组合各生育期根系长度　　　　（单位:cm）

灌溉处理	施肥水平	施肥方式	生育时期				
			返青期	分蘖前期	分蘖后期	拔节孕穗期	抽穗开花期
W_1	N_0	F_0	4.8	14.4	18.8	16.7	16.0
	N_1	F_1	4.8	14.0	17.5	18.4	16.4
	N_1	F_2	4.8	13.6	20.3	16.4	16.3
	N_1 平均		4.8	13.8	18.9	17.4	16.3
W_1	N_2	F_1	4.8	13.8	19.0	16.7	15.3
	N_2	F_2	4.8	13.0	18.3	15.9	15.2
	N_2	F_3	4.8	14.6	17.2	15.2	15.0
	N_2 平均		4.8	13.8	18.2	15.9	15.1
W_2	N_0	F_0	4.8	14.5	19.2	17.2	15.8
	N_1	F_1	4.8	14.7	19.2	16.2	16.8
	N_1	F_2	4.8	13.9	19.0	16.4	15.4
	N_1 平均		4.8	14.3	19.1	16.3	16.1
W_2	N_2	F_1	4.8	13.3	16.7	16.5	16.8
	N_2	F_2	4.8	14.5	17.0	16.1	16.3
	N_2	F_3	4.8	14.2	17.4	16.9	14.7
	N_2 平均		4.8	14.0	17.0	16.5	15.9

2. 干物质重

1）早稻干物质重

通过表 8-14 比较分析可见，不同水肥组合各生育期干物质量总量是随生育期增加的。从对照 $W_1N_0F_0$ 和 $W_2N_0F_0$ 曲线图看，$W_1N_0F_0$ 干物质重略高于 $W_2N_0F_0$，说明间歇灌溉高于浅水灌溉；而在 4 个不同水肥组合中，干物质重从高到低依次为 W_2N_2、W_1N_2、W_1N_1、W_2N_1，而到黄熟期干物质重趋于一致，差异不明显。从以上干物质高低顺序和黄熟期趋于一致现象来看，前期 W_2N_2 和 W_1N_2 高于 W_1N_1 和 W_2N_1，分析原因是前期 N_2 高肥水平促使干物质增加较快，与此同时，田间肥料消耗也快，致使后期增长减缓；W_1N_1、W_2N_1 正好与此相反。最后四组合趋于一致，这说明 N_1 低肥水平比较 N_2 高肥水平，对水稻干物质的最后累积影响并不很大，而从经济的角度考虑，N_1 优于 N_2。

表 8 - 14　早稻不同水肥组合各生育期干物质重　（单位：g/株）

灌溉处理	施肥水平	施肥方式	生育时期						
			返青期	分蘖前期	分蘖后期	拔节孕穗期	抽穗开花期	乳熟期	黄熟期
W_1	N_0	F_0	0.4	0.8	3.3	7.8	13.5	20.3	22.4
	N_1	F_1	0.4	1.9	5.4	14.1	19.0	27.4	33.2
	N_1	F_2	0.4	2.0	6.5	16.2	21.5	30.1	35.3
	N_1 平均		0.4	1.9	6.0	15.2	20.2	28.8	34.3
W_1	N_2	F_1	0.4	1.9	6.8	17.2	20.0	27.8	32.6
	N_2	F_2	0.4	2.0	8.5	16.6	20.2	29.7	35.6
	N_2	F_3	0.4	1.8	8.4	17.5	22.6	29.2	34.5
	N_2 平均		0.4	1.9	7.9	17.1	20.9	28.9	34.2
W_2	N_0	F_0	0.4	0.9	3.0	7.2	12.9	19.0	21.5
	N_1	F_1	0.4	1.6	6.1	14.0	18.1	29.3	36.3
	N_1	F_2	0.4	2.0	6.5	15.2	19.4	28.1	30.9
	N_1 平均		0.4	1.8	6.3	14.6	18.7	28.7	33.6
W_2	N_2	F_1	0.4	2.2	7.6	17.8	24.3	33.5	36.6
	N_2	F_2	0.4	2.4	7.8	17.4	22.0	29.9	31.9
	N_2	F_3	0.4	2.0	7.9	15.7	19.2	28.5	34.9
	N_2 平均		0.4	2.2	7.8	17.0	21.8	30.6	34.5

2）晚稻干物质重

从表 8 - 15 比较分析可见，不同水肥组合各生育期干物质重增长趋势与早稻大体一致，而在孕穗期至乳熟期阶段，呈现增长较缓趋势，但此阶段 W_1N_1 相对其他组合增长较快，最后至黄熟期相对占有优势。其余各生育期与早稻增长趋势相一致。

表 8 - 15　晚稻不同水肥组合各生育期干物质重　（单位：g/株）

灌溉处理	施肥水平	施肥方式	生育时期						
			返青期	分蘖前期	分蘖后期	拔节孕穗期	抽穗开花期	乳熟期	黄熟期
W_1	N_0	F_0	0.5	1.7	6.0	21.1	25.3	27.2	38.1
	N_1	F_1	0.5	3.0	12.8	33.7	38.0	43.0	56.6
	N_1	F_2	0.5	2.7	11.6	31.3	33.0	34.9	51.3
	N_1 平均		0.5	2.8	12.2	32.5	35.5	39.0	54.0
W_1	N_2	F_1	0.5	2.9	14.0	37.1	38.0	38.4	59.6
	N_2	F_2	0.5	3.3	14.3	35.1	35.5	35.8	49.8
	N_2	F_3	0.5	2.8	12.7	32.8	33.0	33.1	47.0
	N_2 平均		0.5	3.1	13.5	34.0	34.3	34.4	48.4
W_2	N_0	F_0	0.5	1.6	6.6	21.1	26.2	27.4	37.5
	N_1	F_1	0.5	3.4	11.4	30.2	32.0	35.9	50.3
	N_1	F_2	0.5	2.7	15.9	32.3	35.3	36.3	56.2
	N_1 平均		0.5	3.1	13.7	31.4	33.6	36.1	53.3
W_2	N_2	F_1	0.5	3.2	13.0	36.7	36.3	39.2	49.3
	N_2	F_2	0.5	3.3	13.4	32.7	33.0	33.3	55.2
	N_2	F_3	0.5	3.3	11.8	35.0	36.0	37.8	54.3
	N_2 平均		0.5	3.3	12.6	33.9	34.5	35.5	54.7

3. 分蘖数

1）早稻分蘖数

通过表8－16比较分析可见，不同水肥组合早稻分蘖数在分蘖后期达到高峰，分蘖后期以后逐渐减少。从曲线图看，N_2高肥水平分蘖数高于N_1低肥水平，说明高肥水平前期可促水稻更多分蘖；而在同一施肥水平下，浅水灌溉分蘖数又高于间歇灌溉。但是不同水肥组合中，在分蘖后期以后，分蘖数下降趋势以高肥水平下降最快，而低肥水平下降较缓，最后各水肥组合又趋于一致。这说明高肥水平和浅水灌溉只会增加早稻无效蘖数，对增加早稻有效分蘖无明显效果。

表8－16　早稻不同水肥组合各生育期分蘖数　（单位：个/株）

灌溉处理	施肥水平	施肥方式	生育时期						
			返青期	分蘖前期	分蘖后期	拔节孕穗期	抽穗开花期	乳熟期	黄熟期
W_1	N_0	F_0	3.0	4.8	9.5	9.9	9.0	9.0	8.4
	N_1	F_1	3.0	8.4	14.4	15.8	12.1	11.0	10.7
	N_1	F_2	3.0	9.1	18.0	17.9	14.3	12.3	11.5
	N_1 平均		3.0	8.7	16.2	16.8	13.2	11.7	11.1
W_1	N_2	F_1	3.0	9.6	18.4	16.6	13.6	12.1	11.1
	N_2	F_2	3.0	9.8	20.2	18.8	13.4	12.6	11.9
	N_2	F_3	3.0	9.9	21.8	20.1	14.7	13.1	11.5
	N_2 平均		3.0	9.8	20.2	18.5	13.9	12.6	11.5
W_2	N_0	F_0	3.0	4.2	9.3	10.2	8.7	8.5	8.1
	N_1	F_1	3.0	8.0	16.6	16.7	13.1	11.5	11.3
	N_1	F_2	3.0	9.1	16.8	15.9	12.9	11.5	10.7
	N_1 平均		3.0	8.5	16.7	16.3	13.0	11.5	11.0
W_2	N_2	F_1	3.0	10.7	21.6	20.0	15.5	13.6	13.1
	N_2	F_2	3.0	9.9	20.0	18.8	13.9	12.2	11.6
	N_2	F_3	3.0	10.1	20.6	19.7	13.9	12.3	11.0
	N_2 平均		3.0	10.3	20.7	19.5	14.4	12.7	11.9

2）晚稻分蘖数

从表8－17比较分析可见，不同水肥组合晚稻各生育期分蘖数增减趋势与早稻大体一致，呈现出前期分蘖数增长较快，后期缓慢减少，最后趋于一致的现象。前期分蘖数高水平施肥较低水平效果大，而后期高肥分蘖数减少较快，同时，间歇灌溉较浅水灌溉分蘖数减少较缓，并在最后同一施肥水平间歇灌溉呈现一定优势。

表 8 – 17　晚稻不同水肥组合各生育期分蘖数　　（单位:个/株）

灌溉处理	施肥水平	施肥方式	生育时期						
			返青期	分蘖前期	分蘖后期	拔节孕穗期	抽穗开花期	乳熟期	黄熟期
W_1	N_0	F_0	3.0	5.1	12.5	14.0	10.5	9.1	8.5
	N_1	F_1	3.0	8.9	19.5	19.5	13.9	12.4	12.2
	N_1	F_2	3.0	8.8	17.8	17.8	14.1	12.6	12.0
	N_1 平均		3.0	8.9	18.7	18.6	14.0	12.5	12.1
W_1	N_2	F_1	3.0	9.3	20.6	20.7	15.3	13.9	13.1
	N_2	F_2	3.0	9.7	20.5	18.9	14.6	12.8	12.7
	N_2	F_3	3.0	10.4	19.7	19.3	13.5	13.7	13.1
	N_2 平均		3.0	9.8	20.3	19.6	14.5	13.5	12.9
W_2	N_0	F_0	3.0	6.2	13.3	14.2	10.8	9.0	8.3
	N_1	F_1	3.0	9.2	19.2	16.8	12.4	12.0	11.2
	N_1	F_2	3.0	8.8	19.8	19.3	14.7	13.1	12.2
	N_1 平均		3.0	8.9	19.5	18.1	13.5	12.6	11.7
W_2	N_2	F_1	3.0	10.0	21.6	20.3	14.7	13.6	12.6
	N_2	F_2	3.0	10.2	20.3	19.5	15.0	13.8	12.7
	N_2	F_3	3.0	10.2	19.1	18.7	14.0	13.3	11.7
	N_2 平均		3.0	10.1	20.3	19.5	14.6	13.6	12.3

4.水稻株高

1)早稻株高

通过表 8 – 18 比较分析可见,不同水肥组合早稻植株株高在抽穗开花期至乳熟期阶段达到生长最大值。从返青期至抽穗开花期生长速度较快,进入抽穗开花期到乳熟期,植株增长缓慢,而后进入黄熟期,叶片、茎秆开始枯黄,植株株高开始衰减。各水肥组合中前期 W_2N_2 和 W_1N_2 稍占优势,后期 W_2N_1 增长较快,W_1N_1 次之,至乳熟期株高基本上与处理 W_2N_2 和 W_1N_2 无差异。这与前面所述分蘖数增减规律基本一致,前期以肥促植株增长,后期衰减加快,最后高、低肥各处理归于一致。

表 8 – 18　早稻不同水肥组合各生育期株高　　（单位:cm）

灌溉处理	施肥水平	施肥方式	生育时期						
			返青期	分蘖前期	分蘖后期	拔节孕穗期	抽穗开花期	乳熟期	黄熟期
W_1	N_0	F_0	18.5	37.2	53.7	68.8	84.3	82.4	82.3
	N_1	F_1	18.5	43.5	62.5	77.3	90.4	89.3	84.4
	N_1	F_2	18.5	44.6	65.1	79.5	88.4	90.8	86.0
	N_1 平均		18.5	44.1	63.8	78.4	89.4	90.0	85.2
W_1	N_2	F_1	18.5	44.1	67.1	83.6	90.4	92.7	85.5
	N_2	F_2	18.5	42.6	68.3	84.1	89.3	90.9	86.3
	N_2	F_3	18.5	42.8	69.4	85.6	87.5	87.4	83.9
	N_2 平均		18.5	43.2	68.3	84.4	89.1	90.3	85.2
W_2	N_0	F_0	18.5	39.6	55.3	67.3	84.5	81.7	80.3
	N_1	F_1	18.5	44.2	62.5	81.2	91.0	88.3	88.7
	N_1	F_2	18.5	43.9	65.9	80.1	90.2	90.0	85.7
	N_1 平均		18.5	44.1	64.2	80.6	90.6	89.1	87.2

灌溉处理	施肥水平	施肥方式	生育时期						
			返青期	分蘖前期	分蘖后期	拔节孕穗期	抽穗开花期	乳熟期	黄熟期
W_2	N_2	F_1	18.5	46.4	69.5	83.1	91.8	91.4	86.3
	N_2	F_2	18.5	45.0	68.2	86.0	90.2	91.2	86.0
	N_2	F_3	18.5	42.3	66.9	84.0	87.7	90.9	87.1
	N_2 平均		18.5	44.5	68.2	84.4	89.9	91.2	86.5

2)晚稻株高

从表 8 - 19 比较分析可见,不同水肥组合晚稻株高增长趋势与早稻基本相同,各水肥组合之间的增减规律也与早稻趋于一致。

表 8 - 19　晚稻不同水肥组合各生育期株高　　　（单位:cm）

灌溉处理	施肥水平	施肥方式	生育时期						
			返青期	分蘖前期	分蘖后期	拔节孕穗期	抽穗开花期	乳熟期	黄熟期
W_1	N_0	F_0	35.0	45.0	55.0	77.7	89.7	94.7	94.5
	N_1	F_1	35.0	51.7	66.3	88.0	101.6	103.9	96.5
	N_1	F_2	35.0	47.1	65.4	88.0	100.6	104.4	97.5
	N_1 平均		35.0	49.4	65.9	88.0	101.1	104.2	97.0
W_1	N_2	F_1	35.0	48.9	68.9	90.4	99.6	106.0	97.0
	N_2	F_2	35.0	48.9	69.7	89.9	100.2	105.3	98.0
	N_2	F_3	35.0	49.5	69.1	90.6	103.3	102.9	97.5
	N_2 平均		35.0	49.1	69.2	90.3	101.0	104.7	97.5
W_2	N_0	F_0	35.0	43.8	56.4	76.2	86.2	99.6	95.0
	N_1	F_1	35.0	50.1	68.4	86.0	99.6	106.9	100.0
	N_1	F_2	35.0	46.8	66.4	88.2	99.5	105.9	96.0
	N_1 平均		35.0	48.5	67.4	87.1	99.6	106.4	98.0
W_2	N_2	F_1	35.0	47.7	69.3	89.4	102.8	103.7	102.5
	N_2	F_2	35.0	52.2	70.0	88.9	105.1	104.6	98.5
	N_2	F_3	35.0	50.9	70.4	89.9	105.3	104.2	95.0
	N_2 平均		35.0	50.3	69.9	89.4	104.4	104.2	98.7

5.叶面积指数

1)早稻各生育期叶面积指数

通过表 8 - 20 对比分析可见,不同水肥组合早稻叶面积指数在孕穗期至抽穗开花期达到高峰值,而后开始衰减;其中,W_1N_1 组合前期叶面积指数平缓增长,至抽穗开花期达到最大值,而后衰减又较其他组合缓慢,整个生育过程没有大起大落,呈现平缓趋势;其他各组合在孕穗前增长值以 W_2N_2 最大,W_1N_2 次之,W_2N_1 稍弱;孕穗期后以 W_2N_1 衰减最快,其他三组合叶面积指数趋于一致。

表 8-20 早稻不同水肥组合各生育期叶面积指数

灌溉处理	施肥水平	施肥方式	生育时期					
			返青期	分蘖前期	分蘖后期	拔节孕穗期	抽穗开花期	乳熟期
W_1	N_0	F_0	0.05	0.44	1.38	2.04	3.05	2.11
	N_1	F_1	0.05	0.98	2.82	4.00	4.75	4.50
	N_1	F_2	0.05	0.94	3.14	4.70	5.53	5.11
	N_1 平均		0.05	0.96	2.98	4.35	5.14	4.81
W_1	N_2	F_1	0.05	1.05	3.38	4.77	4.82	4.58
	N_2	F_2	0.05	1.00	3.70	5.58	5.21	5.00
	N_2	F_3	0.05	0.87	4.08	5.70	5.50	4.94
	N_2 平均		0.05	0.97	3.72	5.35	5.18	4.84
W_2	N_0	F_0	0.05	0.43	1.24	2.07	3.16	2.01
	N_1	F_1	0.05	0.85	2.37	4.47	4.92	3.55
	N_1	F_2	0.05	0.94	3.26	5.47	4.45	3.76
	N_1 平均		0.05	0.90	2.82	4.97	4.69	3.66
W_2	N_2	F_1	0.05	1.34	3.68	5.72	5.79	4.76
	N_2	F_2	0.05	1.10	4.17	6.09	5.31	4.23
	N_2	F_3	0.05	0.96	3.45	5.05	5.48	5.26
	N_2 平均		0.05	1.14	3.77	5.62	5.53	4.75

2）晚稻各生育期叶面积指数

从表 8-21 对比分析可见，不同水肥组合晚稻叶面积指数在孕穗期达到高峰值，而后开始衰减，衰减速度较早稻快。各水肥组合中，W_2N_2 在各个生育期一直处于最大值，至抽穗开花期叶面积指数从高至低排序分别为 W_2N_2、W_1N_1、W_1N_2、W_2N_1，其中 W_2N_2 与 W_1N_1 之间差异较小，至乳熟期 W_2N_2 与其他三水肥组合呈现出较大差距，表明 W_2N_2 组合后期贪青迟熟。

表 8-21 晚稻不同水肥组合各生育期叶面积指数

灌溉处理	施肥水平	施肥方式	生育时期					
			返青期	分蘖前期	分蘖后期	拔节孕穗期	抽穗开花期	乳熟期
W_1	N_0	F_0	0.06	0.64	2.15	4.67	5.14	4.41
	N_1	F_1	0.06	1.30	5.04	9.20	7.18	6.02
	N_1	F_2	0.06	1.14	4.34	11.89	9.06	7.37
	N_1 平均		0.06	1.22	4.69	10.55	8.12	6.69
W_1	N_2	F_1	0.06	1.27	5.76	10.90	8.13	6.68
	N_2	F_2	0.06	1.41	5.51	11.26	7.75	5.77
	N_2	F_3	0.06	1.33	5.39	10.28	8.45	6.82
	N_2 平均		0.06	1.33	5.56	10.81	8.11	6.42
W_2	N_0	F_0	0.06	0.65	2.28	4.37	4.99	4.40
	N_1	F_1	0.06	1.46	4.76	9.32	7.21	6.05
	N_1	F_2	0.06	1.12	5.46	10.82	7.77	6.74
	N_1 平均		0.06	1.29	5.11	10.07	7.49	6.39
W_2	N_2	F_1	0.06	1.45	6.14	10.53	9.26	8.08
	N_2	F_2	0.06	1.51	5.51	11.66	8.28	7.36
	N_2	F_3	0.06	1.44	4.94	11.47	7.82	7.60
	N_2 平均		0.06	1.47	5.53	11.22	8.45	7.68

（二）不同水肥组合对水稻产量构成因素的影响

早稻、晚稻不同水肥组合对产量构成因素的影响见表8-22、表8-23。

表8-22　早稻不同水肥组合产量构成因素及产量

灌溉处理	施肥水平	施肥方式	产量构成因素及产量			
			千粒重（g）	有效穗（个）	穗长（cm）	结实率（%）
W_1	N_0	F_0	25.73	8.4	21.6	84
	N_1	F_1	25.20	11.1	22.2	79
	N_1	F_2	25.28	12.0	22.0	82
	N_1 平均		25.24	11.6	22.1	81
W_1	N_2	F_1	24.22	12.0	22.1	77
	N_2	F_2	24.07	12.7	22.1	76
	N_2	F_3	24.73	12.5	22.7	75
	N_2 平均		24.34	12.4	22.3	76
W_2	N_0	F_0	25.92	8.3	21.1	87
	N_1	F_1	25.31	12.1	21.6	82
	N_1	F_2	25.37	11.5	21.2	79
	N_1 平均		25.34	11.8	21.4	81
W_2	N_2	F_1	24.80	13.6	22.4	78
	N_2	F_2	23.72	12.1	21.8	73
	N_2	F_3	24.00	12.3	22.7	80
	N_2 平均		24.17	12.7	22.3	77

表8-23　晚稻不同水肥组合产量构成因素及产量

灌溉处理	施肥水平	施肥方式	产量构成因素及产量			
			千粒重（g）	有效穗（个）	穗长（cm）	结实率（%）
W_1	N_0	F_0	27.97	9.4	22.2	85
	N_1	F_1	27.51	11.9	22.3	78
	N_1	F_2	28.02	11.4	22.5	76
	N_1 平均		27.90	11.7	22.4	77
W_1	N_2	F_1	27.62	13.4	22.2	82
	N_2	F_2	27.63	12.1	22.2	82
	N_2	F_3	28.46	11.8	23.0	82
	N_2 平均		27.77	12.4	22.5	82
W_2	N_0	F_0	28.26	9.6	21.7	83
	N_1	F_1	27.73	11.4	22.2	81
	N_1	F_2	28.78	12.6	21.7	75
	N_1 平均		27.93	12.0	21.9	78
W_2	N_2	F_1	27.95	13.5	22.6	78
	N_2	F_2	27.68	12.2	22.3	81
	N_2	F_3	27.11	11.7	23.1	82
	N_2 平均		27.58	12.5	22.7	80

1. 千粒重

根据表 8 - 22 分析比较可以看出，早稻各处理千粒重总体趋势是不施氮肥处理 N_0 最大，其次是少施氮肥处理 N_1，最小是高肥处理 N_2，其中 N_0 比 N_1 高 2.1%，N_1 比 N_2 高 4.2%，各处理之间存在一定差异。而在不同灌溉水平之间，W_1 比 W_2 高 0.12 g，增加比率为 0.5%，增幅较小。在各水肥组合间，千粒重大小顺序为 W_2N_1、W_1N_1、W_1N_2、W_2N_2，其中 W_2N_1 分别比 W_1N_1、W_1N_2、W_2N_2 高 0.1 g、1.0 g、1.17 g，高出比率分别为 0.4%、4.0%、4.6%。由上可知，各水肥组合中 W_1N_1 和 W_2N_1 与 W_1N_2 和 W_2N_2 之间差别不大，说明千粒重中肥效影响较大，灌溉水平影响较小，肥效影响大于灌溉水平。

从表 8 - 23 数据分析比较可以看出，晚稻各处理千粒重总体趋势与早稻大体一致，以不施氮肥最大，N_1 次之，N_2 最小，其中 W_1 处理之间三施肥水平千粒重差异较小，W_2 处理之间三施肥水平千粒重稍有差异；而 N_1 比 N_2 只高 0.7%，呈现出差异较小。

2. 有效穗

根据表 8 - 22 数据分析比较可以看出，早稻各处理有效穗总体趋势是施高氮肥处理 N_2 最大，其次是少施氮肥处理 N_1，不施氮肥处理 N_0 最小。各施肥水平间 N_1 比 N_0 多 3.35 个穗，高出 41%，呈现出差异较大，而 N_2 比 N_1 只多 0.85 个穗，高出 8%，呈现出稍有差异。在四个不同水肥组合间，有效穗大小顺序为 W_2N_2、W_1N_2、W_2N_1、W_1N_1，其中 W_2N_2 分别比 W_1N_2、W_2N_1、W_1N_1 高 0.3、0.9、1.1 个穗，高出比率分别为 2.4%、7.1%、8.7%。由上可知，各水肥组合中 W_1N_1 和 W_2N_1 之间与 W_1N_2 和 W_2N_2 之间差异不大，说明有效穗中灌溉水平影响较小，而肥效影响较大，肥效影响水平远大于灌溉水平，肥料在促进有效穗增长方面有一定作用。从表 8 - 22 中数据分析，早稻不同灌溉水平间，W_2 只比 W_1 高出 0.14 个有效穗，表现出差异不明显，但从前面各生育期分蘖数统计表分析，W_1 有效分蘖率比 W_2 高出 1%。

从表 8 - 23 数据比较分析可以看出，晚稻各处理有效穗与早稻总体趋势大体一致，大小顺序为 N_2、N_1、N_0。各施肥水平之间，N_1 比 N_0 高出 25%，呈现出较大差异，N_2 比 N_1 高 5%，呈现出稍有差异。而在四个不同水肥组合中，有效穗大小顺序呈现出与早稻一致现象，但之间的差距相对早稻较小，其中 W_2N_2 分别比 W_1N_2、W_2N_1、W_1N_1 高 0.1、0.5、0.8 穗，高出比率分别为 0.8%、4.0%、6.4%。从表 8 - 23 中数据分析，晚稻不同灌溉水平间，W_2 比 W_1 高

0.2 个有效穗,呈现出细小差异,但从前面分蘖数统计表分析,W_1 有效分蘖比 W_2 高 0.4%。

3. 穗长

根据表 8-22 数据分析比较可以看出,早稻各处理穗长总体趋势是施高氮肥处理 N_2 最大,其次是少施氮肥处理 N_1,不施氮肥处理 N_0 最小。各施肥水平间 N_1 比 N_0 长 0.4 cm,多出 1.9%,而 N_2 比 N_1 长 0.55 cm,高出 2.5%,相互之间差别不明显。从表 8-22 中数据分析,不同灌溉水平间,W_1 比 W_2 穗长长 0.36 cm,高出 1.7%,表现出稍有差异但不明显。从 4 个不同水肥组合比较可以看出,同一灌溉水平不同施肥水平穗长表现出稍有差异,说明肥料在促进穗长增长方面有一定作用,但作用不明显。

从表 8-23 数据比较分析可以看出,晚稻各处理穗长与早稻总体趋势大体一致,大小顺序为 N_2、N_1、N_0。各施肥水平之间,N_1 比 N_0 高 0.9%,N_2 比 N_1 高 2%,相互之间差异不明显。从表 8-23 中数据分析,不同灌溉水平间,穗长 W_1 比 W_2 长 0.27 cm,高出 1.2%,表现出差异不甚明显。而在 4 个不同水肥组合之间,呈现出与早稻类似情况。

4. 结实率

根据表 8-22 数据分析比较可以看出,早稻各处理结实率总体趋势是不施氮肥处理 N_0 最大,其次是少施氮肥处理 N_1,施高氮肥处理 N_2 最小。在各施肥水平间,N_0 分别比 N_1 和 N_2 多 4.5、9 个百分点,高出比率分别为 5.3% 和 10.5%,表现出一定的差距。在不同灌溉水平中,W_1 比 W_2 仅高出 0.5 个百分点,表现出差异较小。在 4 个不同水肥组合间,结实率大小顺序为 W_1N_1、W_2N_1、W_1N_2、W_2N_2,其中 W_1N_1、W_2N_1 相等,分别比 W_1N_2、W_2N_2 高 3、5 个百分点,高出比率分别为 3.7%、4.9%。由上推知,各水肥组合中 W_1N_1 和 W_2N_1 之间与 W_1N_2 和 W_2N_2 之间差异不大,说明结实率中灌溉水平影响较小,而肥效影响较大。

根据表 8-23 数据分析比较可以看出,晚稻各处理结实率总体趋势呈现出与早稻不一致现象,表现出不施氮肥处理 N_0 最大,施高氮肥处理 N_2 次之,少施氮肥处理 N_1 最小。各施肥水平间,N_0 分别比 N_1 和 N_2 多 6.5、3 个百分点,高出比率分别为 7.7% 和 3.6%,表现出一定的差距;N_2 比 N_1 多出 3.5 个百分点,多出比率为 4.2%。在不同灌溉水平中,W_1 比 W_2 仅高出 0.5 个百分点,表现出差异较小。在 4 个不同水肥组合间,结实率大小顺序为 W_1N_2、W_2N_2、W_2N_1、W_1N_1,其中 W_1N_2 分别比 W_2N_2、W_2N_1、W_1N_1 高 2、4、5 个百分点,高出比率分别为 2.4%、4.8%、6.1%。

5. 产量分析

1）早稻产量分析

从表 8 - 24 数据比较分析看出,早稻各处理产量总体趋势是以 N_1 施氮水平产量最大,N_2 施氮水平次之,N_0 最小。其中 N_1 比 N_2 产量高 29.4 kg,高出 7.8%;N_1 比 N_0 产量高 90.8 kg,高出 28.6%;N_2 比 N_0 产量高 61.4 kg,高出 19.3%。而在不同灌溉水平间,W_1 产量较 W_2 增加 12.4 kg,增幅 3.3%。不同水肥组合之间,W_1N_1 产量最高,分别较 W_2N_1、W_1N_2、W_2N_2 高 27.5 kg、34.8 kg、36.2 kg,高出比率分别为 6.6%、8.4%、8.7%。

表 8 - 24 早、晚稻不同水肥组合产量及差异性分析

灌溉处理	施肥水平	施肥方式	产量（kg/亩）		差异性分析	
			早稻	晚稻	早稻	晚稻
W_1	N_0	F_0	321.1	338.2	c BC	c B
	N_1	F_1	408.9	451.7	ab AB	a AB
	N_1	F_2	421.2	458.6	a A	a A
	N_1 平均		415.0	455.2		
W_1	N_2	F_1	400.4	419.4	ab AB	ab AB
	N_2	F_2	376.7	415.7	b AB	ab AB
	N_2	F_3	361.0	397.7	bc BC	b AB
	N_2 平均		379.4	410.9		
W_2	N_0	F_0	313.4	343.6	c C	c B
	N_1	F_1	379.7	444.0	b AB	ab AB
	N_1	F_2	393.7	448.4	ab AB	ab AB
	N_1 平均		386.7	446.2		
W_2	N_2	F_1	387.4	432.4	ab AB	ab AB
	N_2	F_2	379.6	409.6	b AB	ab AB
	N_2	F_3	366.7	379.1	b B	bc B
	N_2 平均		377.9	407.0		

通过对早稻各施肥水平平均产量进行方差分析,结果如表 8 - 25 所示。

表 8 - 25 早稻不同施肥水平平均产量方差分析

施肥水平	产量（kg/亩）	差异显著性	
		$P_{0.05}$	$P_{0.01}$
N_0	317.4	b	B
N_1	401.5	a	A
N_2	378.3	a	A

从以上方差分析检验结果可以看出，N_1 施氮水平和 N_2 施氮水平产量与不施氮肥 N_0 比较，均达到 1% 差异极显著标准，说明在早稻田试区施用氮肥对提高水稻产量有良好效果，不施氮肥显著降低产量。而在 N_1 和 N_2 之间产量比较差异不显著，并且从上可知 N_1 产量高于 N_2，说明过量施用氮肥并不能提高产量，反而在一定程度上会降低产量。从以上分析检验结果可知，合理施用氮肥对于提高早稻产量具有重要作用。

通过对早稻不同灌溉水平平均产量进行方差分析，结果如表 8-26 所示。

表 8-26　早稻不同灌溉水平平均产量方差分析

灌溉水平	产量（kg/亩）	差异显著性	
		$P_{0.05}$	$P_{0.01}$
W_1	371.8	a	A
W_2	359.4	a	A

从以上方差分析检验结果可以看出，W_1 产量虽高于 W_2，但之间呈差异不显著水平，说明两灌溉水平对早稻产量影响差异不大。

根据表 8-24 早稻不同灌溉组合及施肥方式产量差异性分析结果可知，$W_1N_1F_2$ 相对于 $W_1N_1F_1$、$W_1N_2F_1$、$W_2N_1F_2$、$W_2N_2F_1$ 四组合产量水平，之间差异为差异不显著水平，四组合之间也呈现出差异不显著水平。而 $W_1N_1F_2$ 组合相对于 $W_2N_1F_1$、$W_2N_2F_2$、$W_1N_2F_2$、$W_2N_2F_3$、$W_1N_2F_3$ 五种不同组合产量水平呈现差异显著标准，五组合之间呈现出差异不显著水平；相对于不施氮肥组合，呈现出差异极显著水平。综上所述，$W_1N_1F_2$ 为最优组合，即间歇灌溉—基肥（碳铵 27 kg/亩）+分蘖肥（尿素 6 kg/亩）+拔节孕穗肥（尿素 4 kg/亩）组合，可以促进水稻粮食高产，减少施肥量，节约用水。

$W_1N_1F_2$ 组合产量相对于前四个差异不显著组合，产量增幅从 12.3 ~ 33.8 kg，增产比率为 2.9% ~ 8.0%；而较后五个差异显著水平组合，产量增幅从 41.5 ~ 60.2 kg，增产比率为 9.8% ~ 14.3%；较其他两未施肥组合，产量增幅从 100.1 ~ 107.8 kg，增产比率达 23.8% 以上。

2）晚稻产量分析

从表 8-24 数据比较分析看出，晚稻各处理产量总体趋势与早稻一致，以 N_1 施氮水平产量最高，N_2 施氮水平次之，N_0 最小。其中 N_1 比 N_2 产量高 41.8 kg，高出 9.3%；N_1 比 N_0 产量高 109.8 kg，高出 24.4%；N_2 比 N_0 产量高 68.0 kg，高出 16.6%。而在不同灌溉水平间，W_1 产量较 W_2 增加 2.7 kg，增幅为 0.7%。不同水肥组合之间,产量大小顺序与早稻相一致,以 W_1N_1 产量最高,分别较 W_2N_1、W_1N_2、W_2N_2 高 9.0 kg、44.3 kg、48.2 kg,高出比率分别为 2.0%、9.7%、10.6%。

通过对晚稻各施肥水平平均产量进行方差分析,结果如表 8-27 所示。

表 8-27　晚稻不同施肥水平平均产量方差分析

施肥水平	产量(kg/亩)	差异显著性	
		$P_{0.05}$	$P_{0.01}$
N_0	340.6	b	B
N_1	450.7	a	A
N_2	408.7	a	AB

从以上方差分析检验结果可以看出:N_1 施氮水平产量与不施氮肥 N_0 比较,达到 1% 差异极显著标准,N_2 施氮水平产量较不施氮肥 N_0 达 5% 差异显著标准,说明在晚稻施用氮肥对提高水稻产量同样有良好效果,不施氮肥显著降低产量。而在 N_1 和 N_2 之间产量比较差异不显著。

通过对晚稻不同灌溉水平平均产量进行方差分析,结果如表 8-28 所示。

表 8-28　晚稻不同灌溉水平平均产量方差分析

灌溉水平	产量(kg/亩)	差异显著性	
		$P_{0.05}$	$P_{0.01}$
W_1	401.5	a	A
W_2	398.6	a	A

从以上方差分析检验结果可以看出,W_1 产量虽高于 W_2,但之间呈差异不显著水平,说明两灌溉水平对晚稻产量同样影响差异不大。

根据表 8-24 晚稻不同灌溉组合及施肥方式产量差异性分析结果可知,$W_1N_1F_2$ 相对于 $W_1N_1F_1$、$W_2N_1F_2$、$W_2N_1F_1$、$W_2N_2F_1$、$W_1N_2F_1$、$W_2N_2F_2$ 六组合产量水平之间呈现差异不显著水平,六组合之间也呈现差异不显著水平。而 $W_1N_1F_2$ 组合相对于 $W_1N_2F_3$、$W_2N_2F_3$ 两不同组合产量水平呈现差异显著标准,两组合之间呈现出差异不显著水平;相对于不施氮肥组合,呈现出差异极显著水平。综上所述,晚稻同样也以 $W_1N_1F_2$ 为最优组合。

$W_1N_1F_2$ 组合产量相对于前六个差异不显著组合,产量增幅从 6.9 ~ 49.0 kg,增产比率为 1.5% ~ 10.7%;而较后两个差异显著水平组合,产量增幅从 60.9 ~ 79.5 kg,增产比率为 13.3% ~ 17.3%;较其他两未施肥组合,产量增幅从 115.0 ~ 120.4 kg,增产比率达 25.1% 以上。

从以上各组合差异分析及产量差距和高出比率来看,高氮水平施肥不一定能促进产量增加,而不施氮将会严重影响水稻产量,合理的水肥组合将有效促进水稻产量的提高。因此,水稻田间施肥水平和灌溉水平应控制在适宜水平,才能促进产量增长。

从以上产量结构中千粒重、有效穗、穗长、结实率等诸因子分析情况来看,不同施肥水平对产量结构各因子影响具有一定规律性,并且影响程度也不相同。其中有效穗、穗长与施肥水平成正相关性,千粒重与施肥水平成负相关性;结实率早晚稻相关性有一定差异,但都以不施氮肥为最大。而不同灌溉水平间四因子差异都呈现差异不甚明显,但不同灌溉水平中,间歇灌溉比浅水灌溉在一定程度上更能提高水稻有效分蘖率,并增加穗长,提高产量。通过合理灌溉和施肥,调控水稻形成产量的诸因子合理协调,高效利用,促进水稻高产、节水高效,减少施肥量,提高肥料利用率,降低肥料对环境的负面影响,确保水稻生产持续高产、高效。

(三)不同水肥组合对水稻水分生产率的影响

不同水肥组合对水稻水分生产率的影响见表 8 – 29。

表 8 – 29　不同水肥组合水稻灌溉水利用状况

灌溉处理	施肥水平	施肥方式	灌溉水利用状况			
			早稻		晚稻	
			全生育期腾发量(mm)	水分生产率(kg/m³)	全生育期腾发量(mm)	水分生产率(kg/m³)
W_1	N_0	F_0	310.1	1.55	438.9	1.16
	N_1	F_1	323.9	1.89	457.9	1.48
	N_1	F_2	295.3	2.14	466.1	1.48
	N_1 平均		309.6	2.01	462.0	1.48
W_1	N_2	F_1	335.0	1.79	476.7	1.32
	N_2	F_2	337.8	1.67	478.6	1.41
	N_2	F_3	341.4	1.59	482.1	1.24
	N_2 平均		338.1	1.68	479.1	1.32
W_2	N_0	F_0	318.2	1.48	449.4	1.15
	N_1	F_1	336.6	1.69	470.1	1.42
	N_1	F_2	339.7	1.74	478.4	1.41
	N_1 平均		338.1	1.72	474.3	1.41
W_2	N_2	F_1	347.2	1.67	491.4	1.35
	N_2	F_2	349.1	1.63	489.7	1.25
	N_2	F_3	353.1	1.56	494.7	1.15
	N_2 平均		349.8	1.62	491.9	1.25

1. 水稻腾发量

从表8-29数据比较分析可知,早稻各处理腾发量总体趋势是以施高氮肥处理 N_2 最大,少施氮肥处理 N_1 次之,不施氮肥处理 N_0 最小。在整个生育期过程中,处理 N_2 分别比 N_1、N_0 腾发量多 20 mm、29.8 mm,多出比率分别为 6.2% 和 9.5%,表现出差距相对较大;N_1 腾发量又比 N_0 多 9.7 mm,多出比率为 3.1%,表现出差距相对较小。综上所述,出现高氮肥处理 N_2 腾发量较大原因是高氮肥处理促使植株叶面积增大,从而腾发量也随之增大。

同一施肥水平,不同灌溉水平间,浅水灌溉腾发量比间歇灌溉多 16.1 mm,多出比率为 5.1%。而不同施肥水平和不同灌溉水平组合在一起时,则各组合腾发量大小顺序为 W_2N_2、W_1N_2、W_2N_1、W_1N_1,以 W_1N_1 组合腾发量最小。

从表8-25数据比较分析可知,晚稻各处理腾发量总体趋势与早稻大体一致,呈现出施氮肥越多,腾发量越大。晚稻腾发量总体来说比早稻大,原因可能是晚稻生育期间气温较高,蒸腾蒸发量都较早稻要大。在各施氮水平中,晚稻 N_2 施肥水平腾发量分别比 N_1、N_0 多 17.4 mm、41.4 mm,多出比率分别为 3.1% 和 9.3%;N_1 比 N_0 多 24.0 mm,多出比率为 5.4%。同一施肥水平间,浅水灌溉腾发量比间歇灌溉多 11.9 mm,多出比率为 2.6%。不同施肥水平与灌溉水平组合成不同水肥处理时,各组合腾发量大小顺序为 W_2N_2、W_1N_2、W_2N_1、W_1N_1,和早稻大小顺序相同,并且 W_1N_1 腾发量最小。

2. 水分生产率

以蒸发蒸腾量水分生产率进行分析。

从表8-25数据分析可以看出,早、晚稻蒸发蒸腾量水分生产率以水肥组合 W_1N_1 最大;两对照处理虽然腾发量较小,但产量也相对最低,从而水分生产率并不是很高,相对其他水肥组合来说为最小;而高肥组合腾发量最大,但产量并不是最高,从而影响了水分的生产率。

4 组水肥组合中,早稻 W_1N_1 组合水分生产率分别比 W_2N_1、W_1N_2、W_2N_2 高 0.29 kg/m³、0.33 kg/m³、0.39 kg/m³,高出比率分别为 17.2%、19.4%、24.0%,表现出之间差距较明显,W_1N_1 组合显示出突出的节水增产效益。

晚稻 W_1N_1 组合水分生产率分别比 W_2N_1、W_1N_2、W_2N_2 高 0.07 kg/m³、0.16 kg/m³、0.23 kg/m³,高出比率分别为 4.7%、10.8%、15.5%,表现出之间差距较明显。W_1N_1 水肥组合中的两种施肥方式中,F_1 与 F_2 的水分生产率大小相等,说明晚稻两种施肥方式间无差异性。

（四）不同水肥组合对水稻植株氮素吸收及土壤残留的影响

1. 不同灌溉方式对水稻植株氮素吸收及土壤残留的影响

试验中,间歇灌溉 W_1 的水稻植株吸氮量比同样施氮量和氮肥运筹下浅水灌溉 W_2 要高 1.7% ~ 6.2% ,其中不施氮肥时 $W_1N_0F_0$ 和 $W_2N_0F_0$ 之间的植株吸氮量差异最大。 $W_1N_2F_2$ 的植株吸氮量最高,达到 13.3 kg/亩,其植株吸氮量比 $W_2N_1F_2$ 增加 3.39 kg/亩,增加比率为 34.3% (见表 8 – 30)。前人关于不同水分处理下水稻植株氮素吸收的研究很多,结果均是间歇灌溉比淹水灌溉的植株吸氮量高。众所周知,作物中积累的氮素大部分来自土壤,而在间歇灌溉条件下有良好的土壤通气条件,供氧充足,可以促进水稻根系生长,从而使间歇灌溉的根系吸氮能力强于浅水灌溉,植株吸氮量高于浅水灌溉。

氮肥表观利用率可以衡量作物对施入化肥的吸收利用程度,试验中 N_1 水平下间歇灌溉 W_1 的氮肥表观利用率平均比浅水灌溉 W_2 低 37.1% ,差异达到显著性, N_2 水平下间歇灌溉 W_1 平均比浅水灌溉 W_2 低 10.8% ,没有达到显著性差异。表 8 – 30 中数据显示,水稻在间歇灌溉下对施入氮肥的利用率低于浅水灌溉,究其原因,可能是由于间歇灌溉水层深度较浅水灌溉浅,因而施入肥料氮后间歇灌溉水层中 NH_4^+ 浓度大于浅水灌溉,造成施入的氮素比浅水灌溉更多以气态形式或其他形式损失,导致浅水灌溉条件下植株对施入氮的吸收效率高,从而氮肥表观利用率表现出浅水灌溉高于间歇灌溉。因此,增加水稻施入氮肥的次数,避免由于施肥过分集中而引起大量氮素土壤残留及损失,从而为植株提供充足的养分。

2. 不同施肥量对水稻植株氮素吸收及土壤残留的影响

表 8 – 30 中数据显示,施用氮肥量的大小对促进水稻植株氮素吸收的作用达到显著差异, N_0 水平下作物平均吸收 7.65 kg/亩, N_1 水平下作物平均吸收 9.76 kg/亩, N_2 水平下作物平均吸收 12.3 kg/亩, N_1 比 N_0 水平植株多吸收氮素 27.5% , N_2 比 N_1 水平植株多吸收氮素 26.1% 。说明施用氮肥越高水稻吸收的氮素越多,施肥对促进植株吸氮产生正效应。

N_1 水平下的氮肥表观利用率平均为 22.6% , N_2 水平的氮肥表观利用率平均为 33.2% 。氮肥表观利用率随氮肥施用量增加。一般认为,水稻的氮肥表观利用率随氮肥施用量的增加而上升,试验中 N_2 的氮肥表观利用率比低施氮量的 N_1 有所提高。

3. 不同氮肥运筹方式对水稻植株氮素吸收及土壤残留的影响

表 8 – 30 数据显示,分次施氮肥显著提高了水稻植株吸氮量, N_1 水平下

F_2 的水稻植株氮素吸收比 F_1 提高 0.45 kg/亩,提高比率为 4.8%,N_2 水平下 F_2 比 F_1 提高 2.05 kg/亩,提高比率为 18.7%,F_3 比 F_1 提高 2.03 kg/亩,提高比率为 18.5%,原因是施肥过分集中,将造成土壤残留和土壤氮素损失较高,从而导致植株氮素吸收量的减少。同时,分次施肥也显著提高了氮肥表观利用率,N_1 水平下 F_2 的氮肥表观利用率比 F_1 提高 24.3%,N_2 水平下 F_2 比 F_1 提高 62.3%,F_3 比 F_1 提高 61.7%。F_3 处理与 F_2 处理的植株吸氮量没有显著差异,氮肥表观利用率也没有差异,表明增加施肥次数对增加植株吸氮和提高氮肥表观利用率的作用也是有限的,这还与土壤供氮能力、植株各时期的吸氮能力及作物品种等多种因素有关。随着施肥次数增加,土壤氮素依存率降低($F_1 > F_2 > F_3$),表明作物多次施肥比单次施肥更多地利用了施入的氮肥,分次施肥避免了由于施肥过分集中而引起的大量氮素土壤残留及损失,从而为植株提供充足的养分。

表 8-30   不同水肥处理对水稻植株氮素吸收和氮肥利用效率的影响

处　　理	植株总吸氮量 （kg/亩）	氮肥表观利用率 （%）	土壤氮素依存率 （%）
$W_1 N_0 F_0$	8.17 i		
$W_2 N_0 F_0$	7.14 h		
$W_1 N_1 F_1$	9.81 f	17.7 e	83.2 a
$W_2 N_1 F_1$	9.25 g	22.5 cd	77.2 b
$W_1 N_1 F_2$	10.06 e	20.4 de	81.1 a
$W_2 N_1 F_2$	9.91 ef	29.6 b	72.1 c
$W_1 N_2 F_1$	11.24 c	22.0 cde	72.7 c
$W_2 N_2 F_1$	10.65 d	25.0 c	67.1 d
$W_1 N_2 F_2$	13.30 a	36.7 a	61.4 e
$W_2 N_2 F_2$	12.69 b	39.6 a	56.3 f
$W_1 N_2 F_3$	13.20 a	35.9 a	61.9 e
$W_2 N_2 F_3$	12.75 b	40.1 a	56.0 f

注:氮肥表观利用率 =（施氮区植株总吸氮量 - 不施氮区植株总吸氮量）/ 施氮量 ×100;土壤氮素依存率 = 不施氮区植株总吸氮量 / 施氮区植株总吸氮量 ×100。

4.不同水肥组合对水稻氮肥生产率的影响

从表8-30数据比较分析可见,早稻各水肥组合中两施肥水平间氮肥生产率以 N_1 高于 N_2,高出量为16.05,高出比率为37.3%,呈现出差异极度显著;两灌溉水平间氮肥生产率以间歇灌溉 W_1 高于浅水灌溉 W_2,高出量为1.58,高出比率为4.4%,呈现一定差异性,但差异不甚显著。4组水肥组合中,以 W_1N_1 组合氮肥生产率最高,分别比 W_2N_1、W_1N_2、W_2N_2 高出3.04、17.52、17.73,高出比率分别为6.8%、39.3%、39.5%,分别呈现出差异显著和差异极度显著。而在 W_1N_1 组合中两施肥方式间,F_2 施肥方式高于 F_1,高出量为1.32,高出比率为2.9%,呈现出差异不显著。

从表8-31数据比较分析可见,晚稻各水肥组合中两施肥水平和两灌溉水平间氮肥生产率表现出与早稻相同规律。以 N_1 施肥水平高于 N_2,高出量为18.54,高出比率为38.3%;两灌溉水平间氮肥生产率以间歇灌溉 W_1 高于浅水灌溉 W_2,高出量为0.7,高出比率为1.8%。4组水肥组合中,以 W_1N_1 组合氮肥生产率最高,分别比 W_2N_1、W_1N_2、W_2N_2 高出0.97、19.60、19.88,高出比率分别为2.0%、40.0%、40.6%。而在 W_1N_1 组合中两施肥方式间,F_2 施肥方式高于 F_1,高出量为0.75,高出比率为1.5%。

表8-31 不同水肥组合氮肥生产率

灌溉处理	施肥水平	施肥方式	氮肥生产率					
			早稻氮肥生产率			晚稻氮肥生产率		
			施氮量(kg/亩)	产量(kg/亩)	生产率	施氮量(kg/亩)	产量(kg/亩)	生产率
W_1	N_1	F_1	9.3	408.9	43.97	9.3	451.7	48.57
	N_1	F_2	9.3	421.2	45.29	9.3	458.6	49.31
	N_1 平均		9.3	415.0	44.62	9.3	455.2	48.95
W_1	N_2	F_1	13.8	400.4	28.60	13.8	419.4	29.96
	N_2	F_2	13.8	376.7	26.91	13.8	415.7	29.69
	N_2	F_3	13.8	361.0	25.79	13.8	397.7	28.41
	N_2 平均		13.8	379.4	27.10	13.8	422.0	30.14
W_2	N_1	F_1	9.3	379.7	40.83	9.3	444.0	47.74
	N_1	F_2	9.3	393.7	42.33	9.3	448.4	48.22
	N_1 平均		9.3	386.7	41.58	9.3	446.2	47.98
W_2	N_2	F_1	13.8	387.4	27.67	13.8	432.4	30.89
	N_2	F_2	13.8	379.6	27.11	13.8	409.6	29.26
	N_2	F_3	13.8	366.7	26.19	13.8	379.1	27.08
	N_2 平均		13.8	377.9	26.99	13.8	415.9	29.71

三、水肥耦合综合效益分析

（1）合理水肥组合可以促进水稻各生育期株型生长合理化，以提高水稻产量。

从前面不同水肥组合水稻生理特征指标分析来看，合理的水肥组合可以促使水稻株型生长的合理化。通过各组合对照分析，W_1N_1 水肥组合表现出较好的优势。具体表现在以下方面：根系生长速度相对缓和，后期根系活力衰减较慢，整个生育期植株吸收养分均匀，植株生长相对缓和，防止植株生长过快或过慢的现象。根系活力和营养吸收从一定程度上影响植株的生长速度，植株干物质、分蘖数、株高、叶面积等各项指标均表现出较好的增长速度，避免了前期疯长、后期生长动力不足的现象。W_1N_1 相对于浅水灌溉和高水平施肥组合，生育前期各生理指标虽然较之小一些，但后期与浅水灌溉和高水平施肥组合达到一致水平，从而有效地防止了植株前期的过快生长，以促使水稻整个生育期各阶段株型合理化生长，进而促进水稻高产。

（2）合理水肥组合可以节约水稻灌溉用水量，提高水利用率，并且在旱期或用水高峰期便于协调各稻田用水。

从前面不同水肥组合水稻腾发量及水分生产率分析来看，合理的水肥组合可以有效减少水稻生育期腾发量，节约灌溉用水量，提高水分生产率，增加水稻产量。通过各组合对照分析，W_1N_1 水肥组合表现出较好的优势。前面所述 W_1N_1 水肥组合能促使水稻植株株型生长的合理化，这就使得植株吸收水分相对较少，同时，水稻耗水量减少。稻田耗水量的减少可以有效延长灌溉周期，减少灌溉次数。灌溉周期的延长，可以使得在旱期或用水高峰期有更长的协调用水时间，稻田灌溉用水可以在一定时期避开用水高峰期，从而减少用水户的用水矛盾；灌溉次数的减少，则可以减少灌溉用工量，方便农户管理，使农户可以节省更多时间用于外出务工，提高家庭经济收入。

（3）合理水肥组合具有较好的经济效益、环境效益和社会效益。

从前面不同水肥组合对水稻生理特征、产量构成因素和植株氮素吸收及土壤残留的影响对照分析来看，不同水肥组合对水稻产量、产量构成因素及氮肥利用率产生显著影响。间歇灌溉处理的水稻产量、植株吸氮量都比淹水灌溉显著提高，而且又可以节约水资源。合理氮肥施用量和施肥次数都可以显著提高作物吸氮量、产量及氮肥表观利用率。施肥量超过当季水稻的需要量会导致植株过度吸收氮肥而造成植株各生理指标生长过快和徒长以及后期贪青迟熟。控制一定的施氮肥水平，同时增加施肥次数，可以有效降低因施氮水平过高氮素以氨态形式挥发氮的量。同时,控制一定的灌溉水平,在一定程度上也可减少氮素以渗漏形式流失氮的量,有效防止稻田质量下降及周围环境受到污染。同时,合理的水肥组合可有效减少水肥流失和氮在土壤中的残留,减轻因水肥流失而造成对水环境的污染以及土壤中残留对土壤的影响。因此,合理的灌溉施肥模式具有减少面源污染的环境效益。

合理的水肥组合可以有效增加植株对氮素的吸收,提高氮肥有效利用率,从而减少化肥施用量,节省农业生产成本,并且可以增加水稻产量,促进农民增收,具有较好的经济效益。

通过 3 年的试验研究,根据以上试验研究各项指标综合对比分析可知,$W_1N_1F_2$ 组合表现出较好的节水增产能力,并且可以有效减少化肥施用量,提高肥料利用率,为各试验组合最优水肥管理模式。通过对不同组合氮肥施用量和水稻产量进行综合经济分析,N_1 施氮肥水平相对于 N_2 施氮肥水平,按现行市场价进行计算,每亩每季可以减少 23.5 元肥料成本投入,早、晚稻两季共可减少 47 元/亩。同时,以 $W_1N_1F_2$ 处理产量计,相对于 W_2N_2 组合平均产量,早稻每亩可增收稻谷 43.3 kg,晚稻每亩可增收 51.6 kg,按 2007 年国家现行市场保护价(早稻 1.48 元/kg,晚稻 1.66 元/kg)计算,早、晚稻两季共可增收 149.7 元/亩。全年因减少施肥量和增收稻谷产量两项经济效益累计可增加收入 196.7 元/亩。

另外,$W_1N_1F_2$ 组合全生育期早稻灌水量 3 年平均为 134.2 m³/亩,晚稻为 311.1 m³/亩;早晚稻共计灌溉水量为 445.3 m³/亩。而根据 2007 年赣抚平原灌区农业灌溉水利用系数测算统计资料,灌区末级斗口全年灌溉供水量为 83 258.7 万 m³,通过斗、农、毛各级渠道水利用系数(分别为 0.850、0.925、0.950)测算出田间灌溉用水量为 62 189.05 万 m³,按灌区实灌面积 98.6 万亩计,全年灌溉用水量为 630.7 m³/亩。因此,$W_1N_1F_2$ 组合灌溉用水量较当地农田灌溉用水量可节约 185.4 m³/亩,平均节水 29.4%。同时,对赣抚平原灌区 2004~2006 年农业年度基础数据调查结果显示,灌区早稻平均产量为 350 kg/亩,晚稻为 400 kg/亩,而 $W_1N_1F_2$ 组合 3 年试验平均产量早稻为 421.2 kg/亩,晚稻为 458.6 kg/亩,早晚稻 $W_1N_1F_2$ 组合产量较当地高出 129.8 kg/亩,增产比率为 14.75%。根据以上分析数据可得出 $W_1N_1F_2$ 组合灌溉水生产率试验值为 1.98 kg/m³,而当地农田灌溉水分生产率为 1.19 kg/m³,$W_1N_1F_2$ 组合灌溉水分生产率试验值较当地农田灌溉水分生产率提高 0.79 kg/m³,提高比率为 39.8%。

通过以上试验研究资料的统计分析,总结出 $W_1N_1F_2$ 组合(即间歇灌溉方式+适量氮肥+分两次追施氮肥模式)适合江西省双季稻区,它将有助于江西省及南方双季稻区节水、高产,保持与改善农田土壤肥力,并且又易让群众掌握。该水肥管理模式的大力推广,将对江西省农民增收,确保灌溉用水和粮食安全提供有力的科技支撑,具体较好的社会效益。

本章主要就氮肥施用与水分耦合形式进行研究(见图8-4),而未考虑磷、钾肥的影响,为总结出适应江西省南方土壤的水肥耦合综合调控增产模式,还需要进一步就不同水分状况下氮肥与磷、钾肥的相互作用以及施肥方法对水稻产量、品质的影响等方面进行深入的研究。

图8-4 应用改进型蒸渗器进行水稻水肥耦合试验研究

第四节 改进型蒸渗器应用于其他科研项目试验研究情况介绍

在改进型蒸渗器应用方面,除以上三个项目试验研究外,还先后应用于一些其他项目试验研究。

一是江西省灌溉试验中心站与江西农业大学、荷兰瓦赫宁根大学共同就水稻田氮肥迁移转化规律进行研究。通过本项目试验研究,探讨在江西气候条件下不同灌溉模式氮肥蒸发、渗漏、排水流失和植株吸收规律(见图8-5)。

二是江西省灌溉试验中心站与江西省农科院就水稻节水高产的前后期灌水方法进行研究。针对南方早稻前期座蔸迟发、后期高温逼熟,晚稻前期栽后败苗、后期"寒露风"危害等影响水稻稳产高产的因素,重点研究双季稻生育前期、后期不同灌水方法对水稻生育的影响,探求解决防止水稻座蔸、败苗、早衰的相应灌水方法。研究结果表明,前干后水方法对双季水稻前期促早发、后期防早衰具有良好的效果,早稻亩产达到 550.7 kg,晚稻亩产达到 535.75 kg,

是一种适合南方灌区水稻稳产高产的灌溉方法。

图 8-5　应用改进型蒸渗器进行水稻田氮肥迁移转化规律研究

　　三是江西省灌溉试验中心站与河海大学就"南方生态节水型灌区建设模式研究与应用"项目中稻田田间生态水管理技术进行研究(见图 8-6)。本项目主要在改进型蒸渗器中开展"稻田田间生态水管理技术研究",利用新型蒸渗器良好的灌排系统,设立不同的灌排水和地下水标准以及不同的施肥水平,进行对比试验研究,优选出具有节水、增产、减污的生态水管理模式。

图 8-6　应用改进型蒸渗器进行稻田田间生态水管理技术研究

参 考 文 献

［1］ A.阿布克海尔德,等.蒸渗器［M］.罗马·联合国粮食与农业组织,1982.

［2］ 许志方,茆智,等.灌溉试验规范［M］.北京:水利电力出版社,1990.

［3］ 茆智,李远华.作物需水量等值线图的原理、绘制与应用［J］.水利学报,1987(11).

［4］ 张增圻,等.测坑对作物生长环境的改变及其对田间需水量观测成果的影响［C］//全国农业节水学术讨论会论文.1989.

［5］ Pruitt W O. Doorenbos Crop Water Requirements［J］. FAO Irrigation and Drai nage paper,FAO,Rome,1977.

［6］ 许亚群.作物需水量测坑工程竣工报告［R］.江西省赣抚平原水利工程管理局,1992.

［7］ 全国灌溉试验研究班.灌溉试验方法.水利电力部农田水利司,1982.

［8］ 茆智.作物需水量计算原理及方法［R］.武汉水利电力学院,1986.

［9］ 张增圻,徐振辞.近年来国外蒸渗器的发展情况［J］.国外农学——灌溉排水,1987.

［10］ 陈玉民,等.中国主要农作物需水量与灌溉［M］.北京:水利电力出版社,1995.

［11］ Mc Farland M J,Worthingaton J W,Newwman J S. Design,Installation and Operation of a Twin Weighing Lysimeter for Fruit Tress,TRANSACTIONS of the ASAE,1983.

［12］ Hanks R J,Shawcroft R W. An Economical Lysimeter For Evapotranspiration Studies［J］. Agronomy Journal,1957(6).

［13］ 卢玉邦,等.称重式土壤蒸发仪及其试用［J］.水利学报,1992(4).

［14］ 茆智.作物需水量及潜水蒸发的测定［C］//灌溉管理手册.北京:水利电力出版社,1994.

［15］ 康绍忠,等.作物叶面蒸腾与棵间蒸发分摊系数的计算方法［J］.水利学进展,1995(4).

［16］ 郭国双.介绍一种测定水稻需水量的好方法——坑田结合法［J］.灌溉排水,1987.

［17］ Mottram R,Dejager J M. A Sensitive Recording Lysimetor Agrocbemopbysica,1973(5):9－14.

［18］ Yan Bavel C H M. Lysimeter Measurements of Evapotranspiration Ratesin the Eastern United States. Soil Science Society Proceeddings,1961.

［19］ 刘昌明,窦清晨.土壤—植物—大气连续体模型中的蒸散发计算［J］.水科学进展,1992(4).

［20］ 袁光耀.农田灌溉中几个需要探讨的问题［J］.灌溉排水,1994(4).

［21］ 张增圻,等.对我国现行旱作物需水量试验测坑的改进研究［D］.河北农业大学,1990.

[22] King K M,Mukammal E I,Turner V. Errors Involved in Using Zinc Chlorid Solution in Flooting Lysimeters[J]. Water Resources Research,Second Quarter,1965,1(2).

[23] 康绍忠.灌溉需水量的分析计算与预报[D].西北农业大学,1987.

[24] 张明炷,石秀兰.不同土水势对油菜的影响及适宜灌水势值研究[J].农田水利与小水电,1992(5).

[25] 王积强.自动供水土壤蒸发器[J].土壤,1982(4).

[26] 张增圻.对我国旱作物需水量测坑的改进意见[J].农田水利与小水电,1986.

[27] 谭孝源.简易液压式蒸渗器的设计与制作[J].灌溉排水,1988.

[28] 茚智,译.作物的需水量的计算.武汉水利电力学院,1986.

[29] 卢玉邦,等.1000型悬挂称重式蒸渗仪的研制[J].灌溉排水,1994.

[30] Middleton J E. A Quick—Weighing Lysimeter System Check[J]. Agricultural Engineering,1972(7).

[31] 陈亚新.日本筑波大学水热平衡观测场的观测研究与实验设备[J].灌溉排水,1988(2).

[32] 陈义.自记水位计在稻田观测中的应用[J].农田水利与小水电,1991(3).

[33] 刘肇祎,雷声隆.灌排工程新技术[M].武汉:中国地质大学出版社,1993.

[34] 王积强.自动供水双环入渗仪[J].水文工程地质,1983(3).

[35] 孙景生,熊运章,等.农田蒸发蒸腾的研究方法与进展[J].灌溉排水,1993(4).

[36] Forsgate J A,Hosegood P E,Mcculloch J S G. Design and Installation of Semi – Enclosed Hydraulic Lysimeters,Agr,Meteorol 2,1965:27 – 42.

[37] Loiyd L. Harrold. Lysimeter Cheeks on Empirical Evapotrans Piration Valus. Agriculttral Engineering,1958(2).

[38] 王富庆,沈荣开,等.新型土壤负压剖面张力计测量装置的研究[J].农田水利与小水电,1991(4).

[39] 茚智.灌溉效益模拟试验[J].农田水利与小水电,1987(10).

[40] 康绍忠,等.陕西省作物需水量及分区灌溉模式[M].北京:水利电力出版社,1992.

[41] 张增圻,等.美国布什兰的大型称重式蒸渗器评介[J].灌溉排水,1989(3).

[42] 王积强.中国北方地区若干蒸发实验研究[M].北京:科学出版社,1990.

[43] Mukammal E I,Mckay G A,Turner V R. Mechanical Balance—Electrical Readout Weighing Lysimeter. Boudar – ylayer Meteorology 2,1971.

[44] LeDrew E F,Emerick J C. A Mechanical Balanca—Type Lysimeter for use in Remote Enviroments. A gricultural Meteorology 13,1974.

[45] 黎庆淮.土壤学与农作学[M].北京:水利电力出版社,1986.

[46] 卢玉帮.农田测试仪器的试制[J].农田水利与小水电,1992(10).

[47] 袁辅恩.水稻田耗水量测试技术与设备——恒定水位测定法[J].灌溉排水,1994(4).

[48] Bastiaanssen W G M, et al. Monitoring Crop growth in lagrge irrigation schemes on the basis of actual evapotranspiration, in"Sustainable irrigation"(ed. by j. Fcyen et. al)Leuven, Belgium,1992.

[49] 郭元裕. 农田水利学[M]. 北京:水利电力出版社,1986.

[50] 许亚群. 作物需水量测坑改进研究[R]. 江西省赣抚平原水利工程管理局,1992.

[51] 程天文,程维新. 农田蒸发与蒸发力的测定及其计算方法[C]//地理集刊第12号. 北京:科学出版社,1980.

[52] 陈玉民,等. 中国主要农作物需水量等值线图研究[M]. 北京:中国农业科技出版社,1993.

[53] 文化一,马渭俊. 旱地土壤水分动态变化测定仪——蒸渗仪[J]. 干旱地区农业研究,1989(2).

[54] 上海农科院植保所治水改土组. 水田土壤渗漏测定器[J]. 土壤,1978(2).

[55] 张增圻,等译. 一种用于研究行栽作物需水量的精密称重式蒸渗器[J]. 江西水专学报,1987(3).

[56] 龚元石,李保国. 应用农田水量平衡模型估算土壤水渗漏量[J]. 水科学进展,1995(1).

[57] 马育华,等. 田间试验和统计方法[M]. 北京:农业出版社,1982.

[58] 沈荣开,张瑜芳,等. 作物水分生产函数与农田非充分灌溉研究述评[M]. 水利学进展,1995(3).

[59] 成绍华. 土壤水扩散率的测定及数据处理[J]. 农田水利与小水电,1991(3).

[60] 张增圻,等. 作物需水量及测试手段译文集(1~6集)[M]. 河北农业大学,1984~1986.

附　　图

附图 1　处在围墙包围中的测坑,且坑内裸露的空地太多,作物缺少缓冲区

附图 2　影响土壤热状况混凝土测坑厚壁

附图3　产生热效应和影响气流正常

附图4　影响气流通过的围墙和弱蒸发面的廊道顶

附图 5 地面观测时观测员行走所形成的观测通道

附图 6 地面观测时造成水稻叶片和稻穗折断

附图7 测坑的东北面为大片农田,与当地主风向一致。水稻分蘖期
已经看不见测坑了,只有白色的汽孔外露

附图8 设在测坑底板上的隔渗圈

附图 9　测坑内布置有地面、地下两套灌溉、排水管道,钢板与钢筋混凝土壁接缝处用环氧材料进行防渗处理

附图 10　蓄水箱建在远处,通过管道引入地下廊道向两侧测坑供水

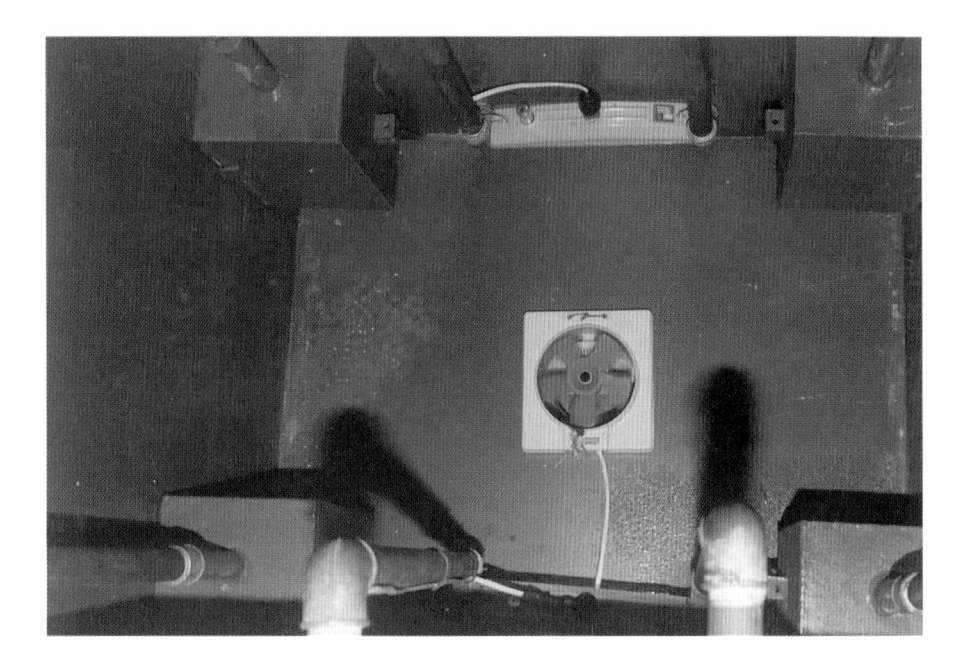

附图 11　测坑的水位观测井之倒影

附图 12　工作人员准备进入观测井内进行水位观测

附图 13　未设滤层的有底测坑内长满杂草,而周围稻田红花长势良好

附图 14　无底测坑内红花草长得与四周稻田一样茂盛

附图 15 测量开挖后的测坑基坑

附图 16 用三个观测井及地下廊道布置 12 个测坑的观测、灌排操作系统

附图17　刷过油漆后仍然锈蚀的钢板容器壁

附图18　采用金属喷镀防腐处理的钢板壁使用3年后仍完好如初

附图 19　在钢板薄壁上焊角钢加肋和钢筋支撑防止测坑壁变形

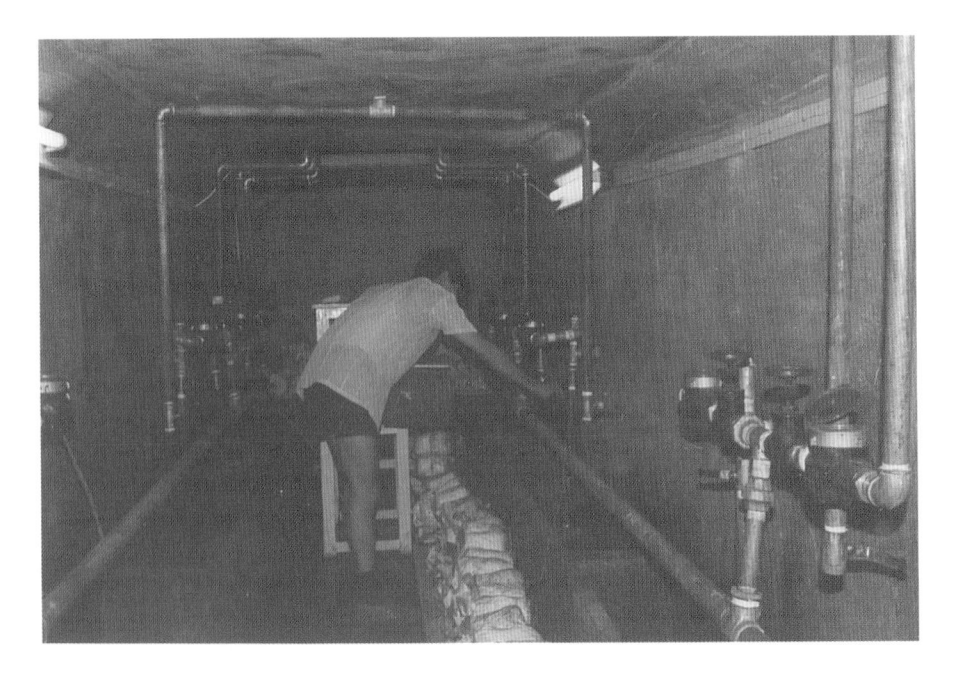

附图 20　工作人员在进行测坑的地下渗漏量计量

附图 21　先往基坑四周注水检验外围容器壁防渗质量

附图 22　然后逐个测坑灌水检验相邻容器壁防渗质量

附图 23　被水稻叶片荫蔽的测坑薄壁及微孔灌水管道

附图 24　测坑内、地下廊道顶及四周的红花草也长得难于分辨

附图 25　与测坑的植被不同的地下廊道顶

附图 26　测坑内及地下廊道顶的水稻长得与四周一样难以辨认

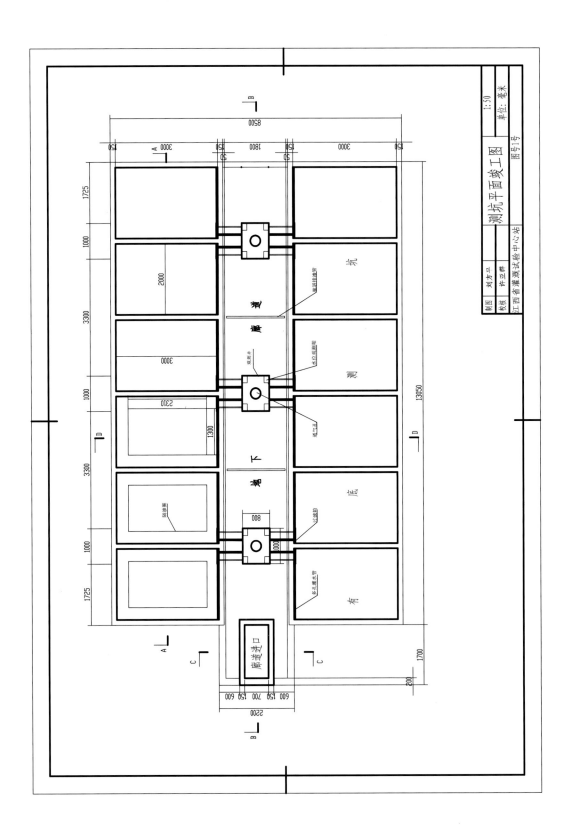

测坑平面竣工图

比例 1:50
单位:毫米

制图 刘方平
校核 许亚群

江西省灌溉试验中心站

图号1号

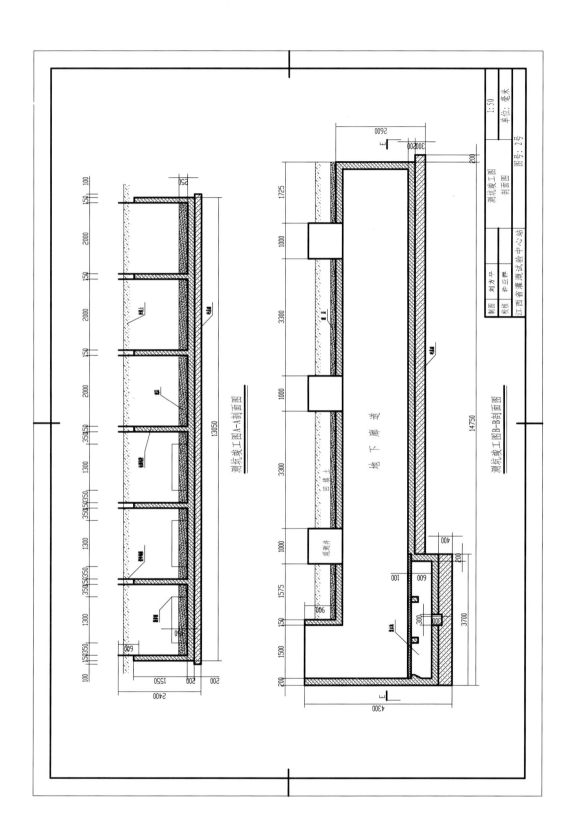

测坑竣工图A-A剖面图

测坑竣工图B-B剖面图

地下廊道

测坑竣工图
剖面图

1:50

单位:毫米

图号:2号

| 制图 | 刘方卫 |
| 校核 | 许立群 |

江西省灌溉试验中心站

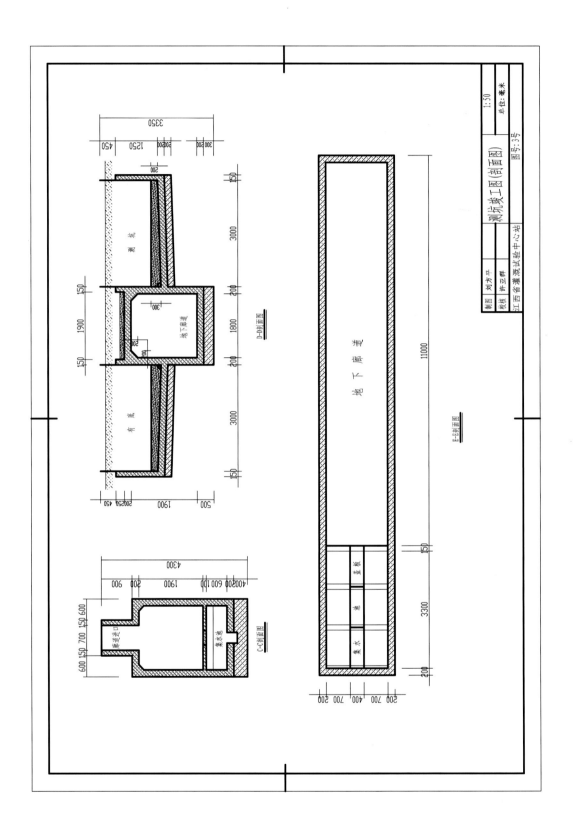

D—D剖面图

C—C剖面图

E—E剖面图

地下廊道

集水池

基坑竣工图(剖面图)

制图 刘方平
校核 许亚群

江西省灌溉试验中心站

1:50

单位:毫米

图号:3号

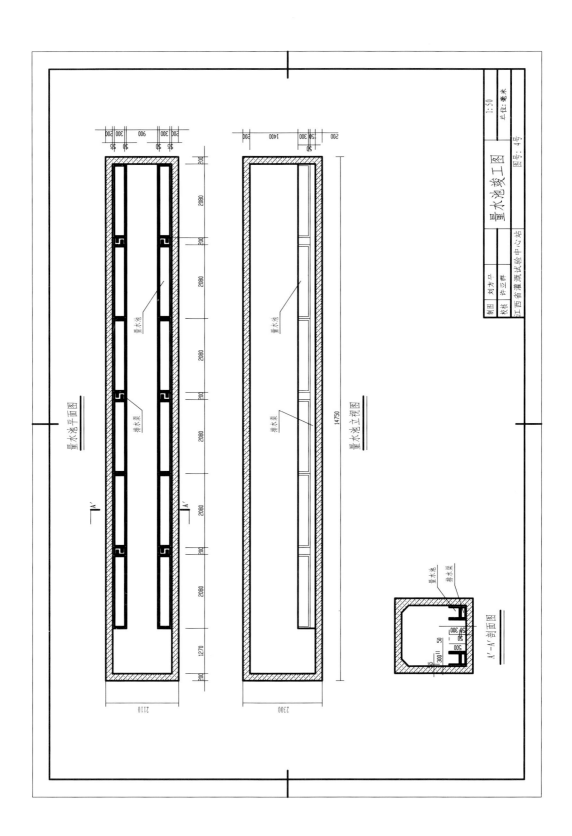

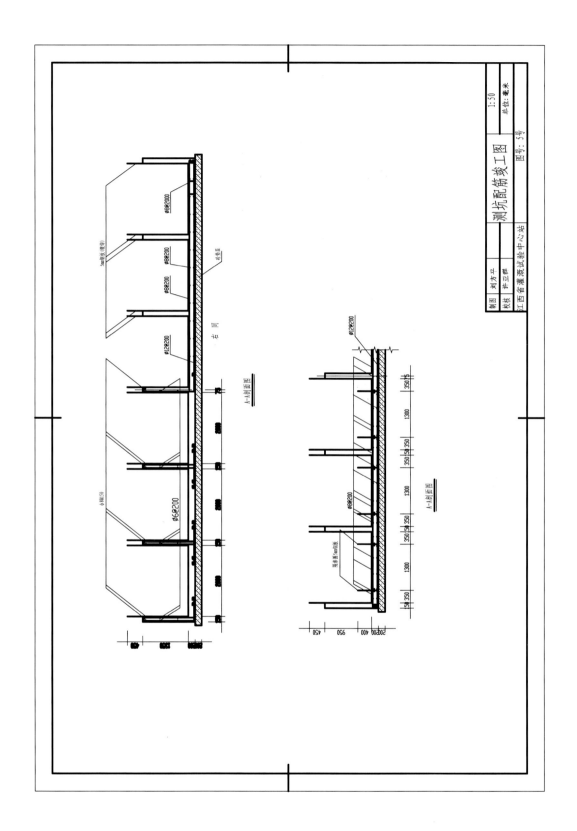

测坑配筋竣工图

1:50

单位：毫米

图号：5号

制图	刘方平	
校核	许亚群	
	江西省灌溉试验中心站	

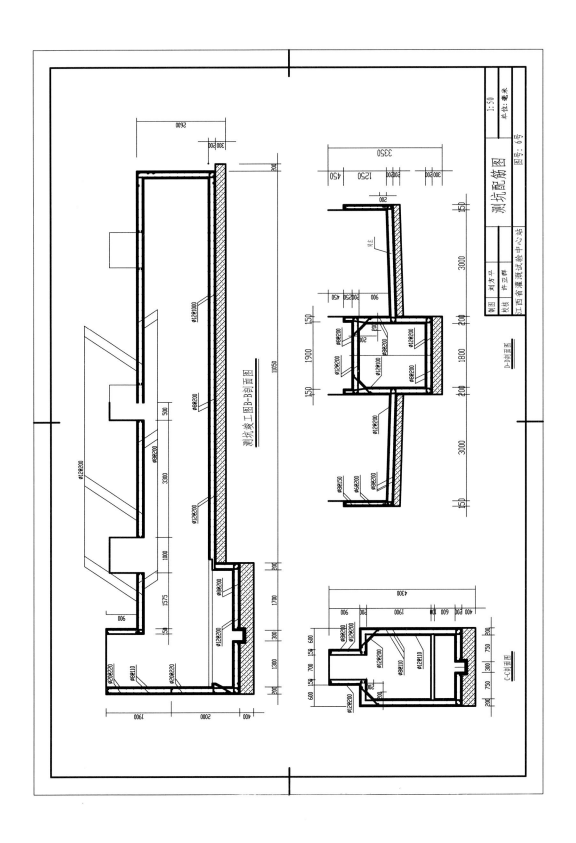

测坑竣工图B-B剖面图

D-D剖面图

C-C剖面图

测坑配筋图

江西省灌溉试验中心站

制图   刘方平
校核   许亚群

图号: 6号
1:50
单位:毫米

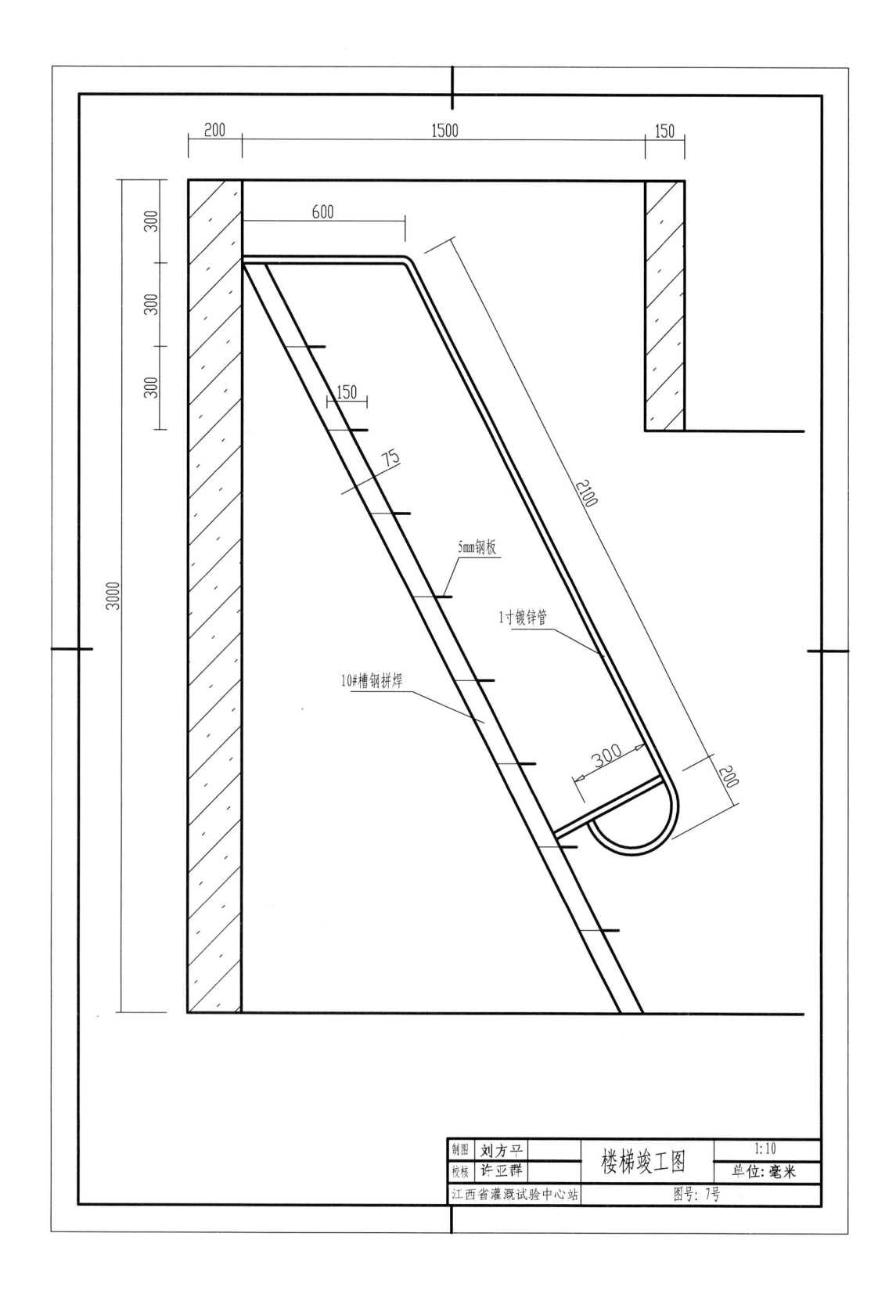

200 1500 150

600

300
300
300
3000

150
75

2100

5mm钢板

1寸镀锌管

10#槽钢拼焊

300 200

制图	刘方卫	楼梯竣工图	1:10
校核	许亚群		单位:毫米
江西省灌溉试验中心站			图号: 7号

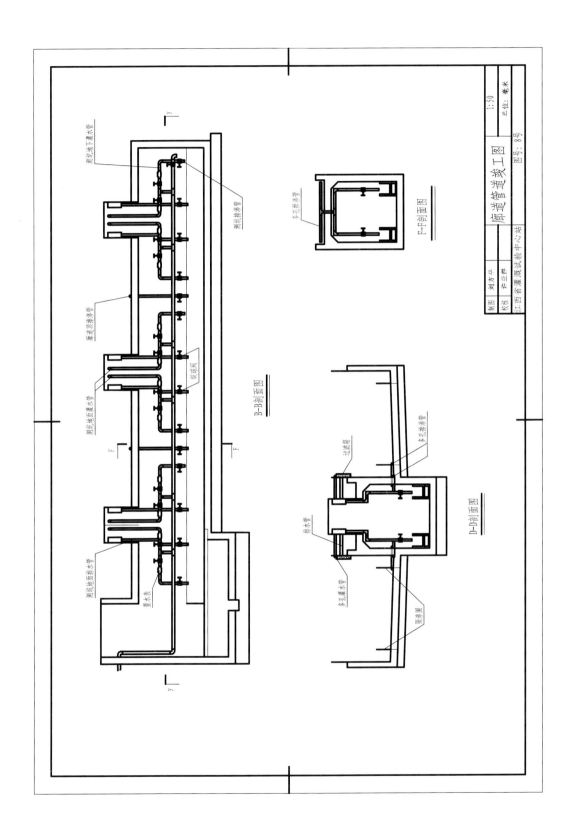

测形地下灌水管

测形排渗管

渠道顶排渗管

测形地面渗水管

测形地面排水管

量水表

B-B剖面图

多孔排渗管

F-F剖面图

过滤箱

多孔排渗管

排水管

多孔灌水管

滤料圈

D-D剖面图

制图	刘方立			1:50
校核	辛立群			单位：毫米
江西省灌溉试验中心站			隔道管道竣工图	图号：8号

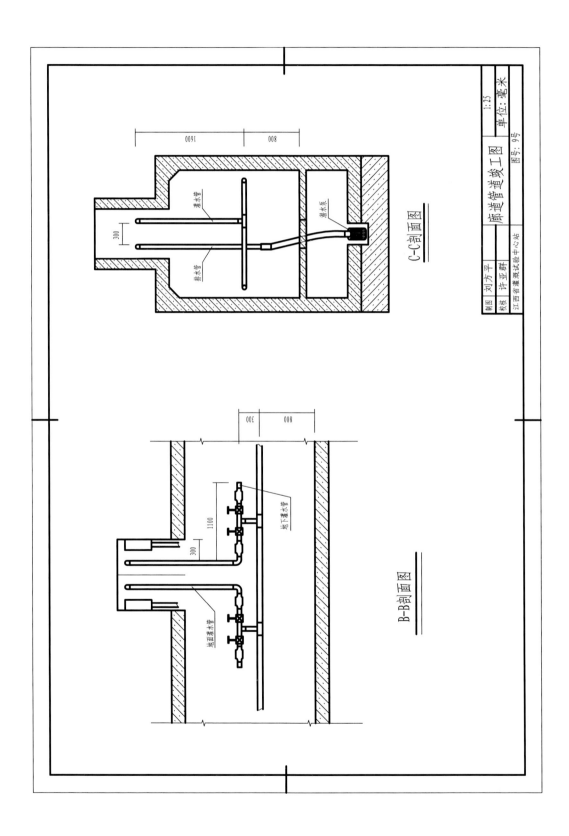

C-C剖面图

B-B剖面图

制图	刘方平	管道管道竣工图	1:25
校核	许亚群		单位：毫米
江西省灌溉试验中心站			图号：9号

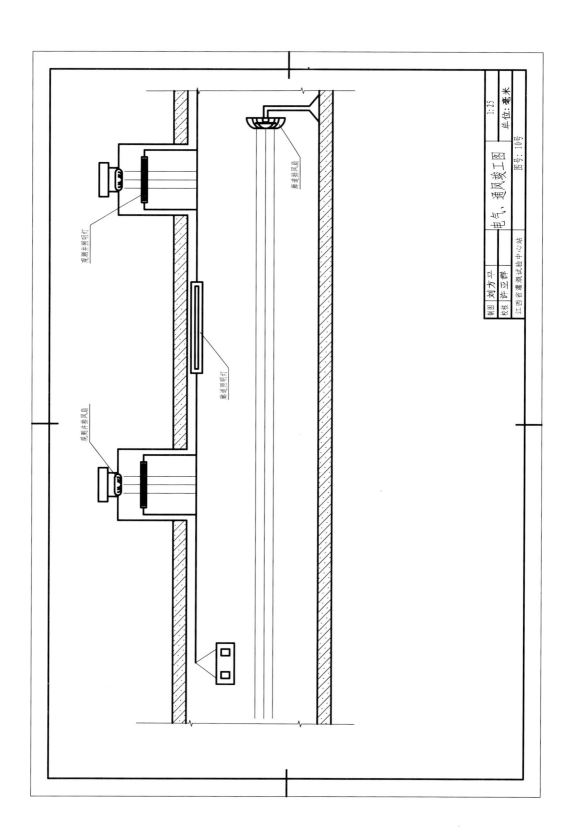

观测井照明灯

观测井排风扇

漏斗照明灯

漏斗排风扇

制图	刘方品		电气、通风竣工图	1:25
校核	许亚群			单位:毫米
	江西省灌溉试验中心站			图号:10号

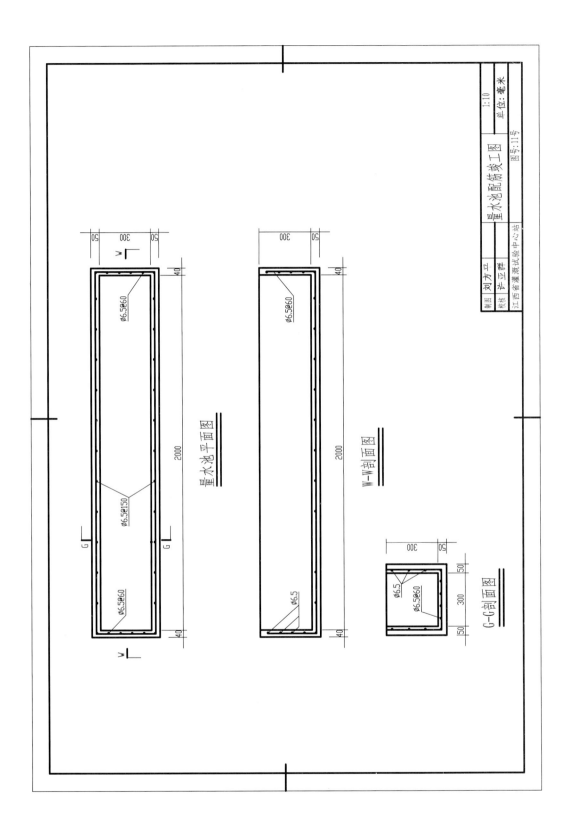

量水池平面图

量水池配筋竣工图

Φ6.5@60

Φ6.5@150

Φ6.5@60

2000

50 300 50

40 40

W—W剖面图

Φ6.5@60

Φ6.5

2000

300 50

40 40

G—G剖面图

Φ6.5

Φ6.5@60

300 50

50 300 50

| 制图 | 刘方平 |
| 校核 | 许亚群 |

江西省灌溉试验中心站

量水池配筋竣工图

图号:11号

1:10

单位:毫米

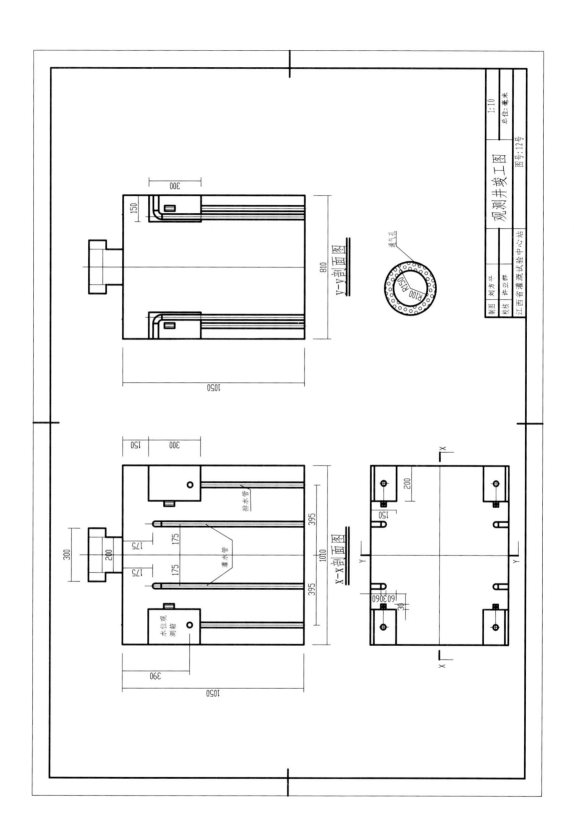

观测井竣工图

Y-Y剖面图

X-X剖面图

排水管

灌水管

水位观测箱

1050

810

300

150

300

150

200

175

175

175

175

395

1010

395

390

200

150

30

透气孔

R150

R100

1:10

单位:毫米

图号:12号

制图 刘方平

校核 许云祥

江西省灌溉试验中心站

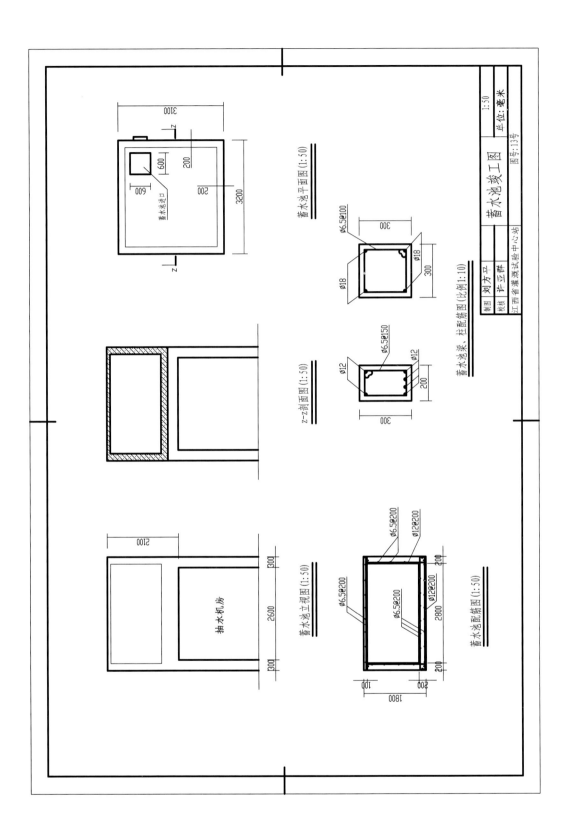

蓄水池进口

蓄水池平面图 (1:50)

Z-Z剖面图 (1:50)

抽水机房

蓄水池立视图 (1:50)

蓄水池梁、柱配筋图 (比例1:10)

Φ6.5@100
Φ18
Φ18

Φ6.5@150
Φ12
Φ12

蓄水池配筋图 (1:50)

Φ6.5@200
Φ12@200
Φ6.5@200
Φ12@200
Φ6.5@200

蓄水池竣工图

制图 刘方平
校核 许亚群
江西省灌溉试验中心站

1:50
单位: 毫米
图号: 13号

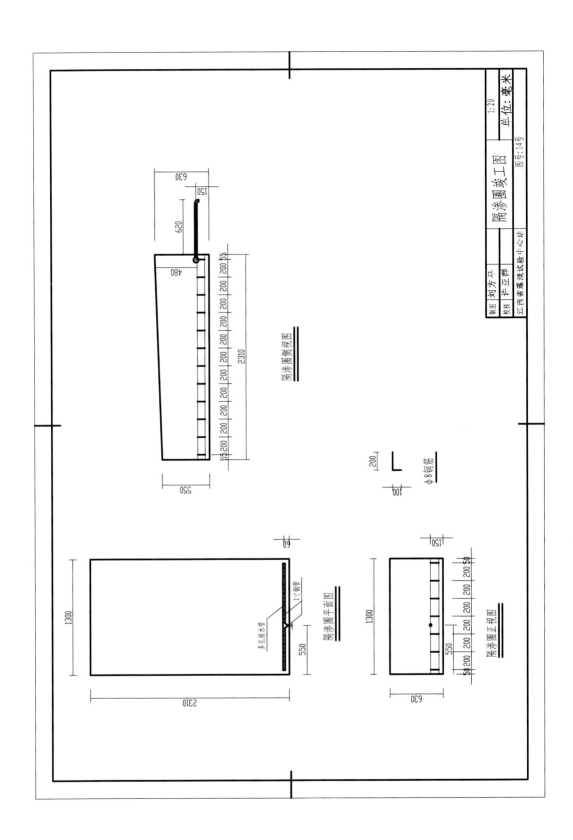

隔渗圈侧视图

隔渗圈平面图

隔渗圈正视图

φ8钢筋

多孔排水管

1寸钢管

隔渗圈竣工图

制图 刘方平
校核 许亚群
江西省灌溉试验中心站

1:20
单位:毫米
图号:14号

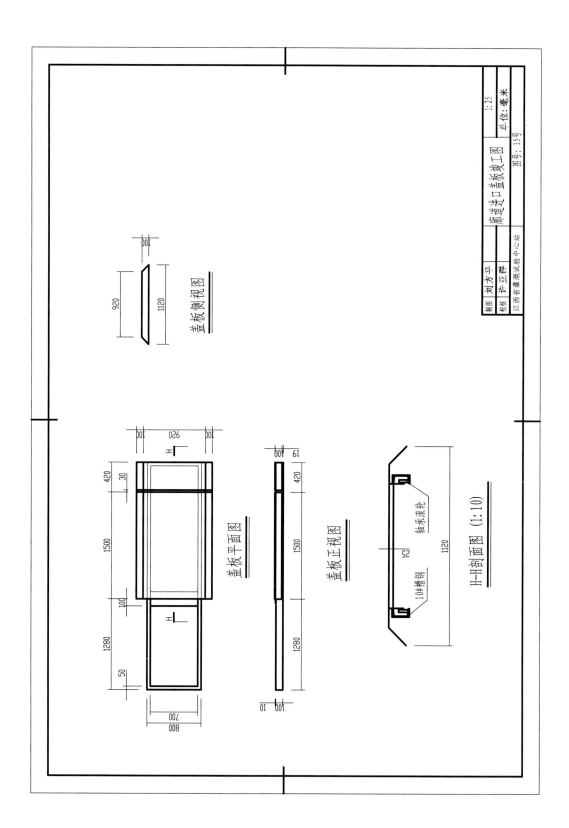

盖板侧视图

盖板平面图

盖板正视图

H-H剖面图 (1:10)

轴承滚轮

10#槽钢

制图	刘方平	槽道进口盖板竣工图		1:25
校核	许正群			单位：毫米
	江西省灌溉试验中心站		图号：15号	

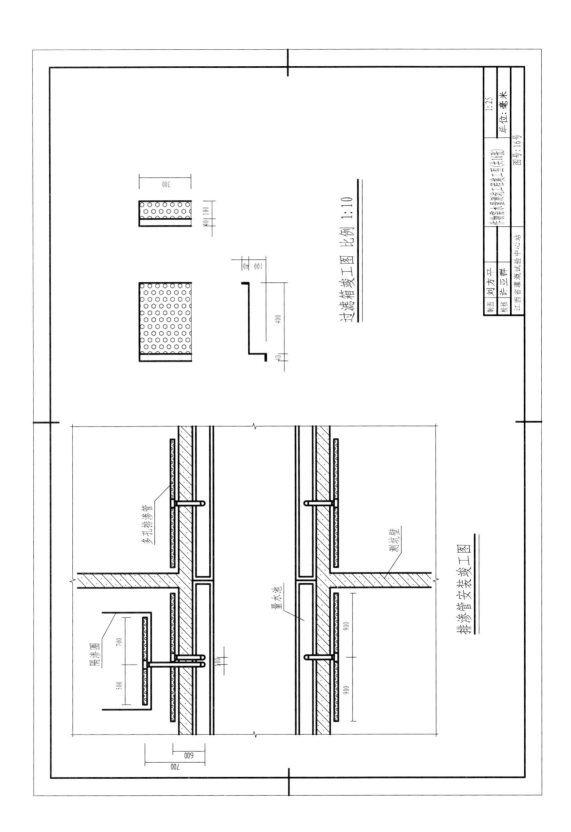

过滤箱竣工图 比例 1:10

排渗管安装竣工图

多孔排渗管

测坑壁

量水池

隔渗圈

300

100 40

400

100 40

40

700

500

100

600

700

900

900

绘图 刘方平

校核 许亚群

江西省灌溉试验中心站

作物水量调节灌溉工程观测工作图(部)

1:25

单位：毫米

图号：16号